	1B	2B	3B	4B	5B	6B	7B	0
10	11	12	13	14	15	16	17	18
								₂He ヘリウム 4.003
			₅B ホウ素 10.8				₉F フッ素 19.00	₁₀Ne ネオン 20.18
			₁₃Al アルミニウム 26.98	₁₄Si ケイ素 28.09	₁₅P リン 30.97	₁₆S 硫黄 32.07	₁₇Cl 塩素 35.45	₁₈Ar アルゴン 39.95
₂₈Ni ニッケル 58.69	₂₉Cu 銅 63.55	₃₀Zn 亜鉛 65.41	₃₁Ga ガリウム 69.72	₃₂Ge ゲルマニウム 72.64	₃₃As ヒ素 74.92	₃₄Se セレン 78.96	₃₅Br 臭素 79.90	₃₆Kr クリプトン 83.80
₄₆Pd パラジウム 106.4	₄₇Ag 銀 107.9	₄₈Cd カドミウム 112.4	₄₉In インジウム 114.8	₅₀Sn スズ 118.7	₅₁Sb アンチモン 121.8	₅₂Te テルル 127.6	₅₃I ヨウ素 126.9	₅₄Xe キセノン 131.3
₇₈Pt 白金 195.1	₇₉Au 金 197.0	₈₀Hg 水銀 200.6	₈₁Tl タリウム 204.4	₈₂Pb 鉛 207.2	₈₃Bi ビスマス 209.0	₈₄Po ポロニウム (210)	₈₅At アスタチン (210)	₈₆Rn ラドン (222)
₁₁₀Ds ダームスタチウム (269)	₁₁₁Rg レントゲニウム (272)	₁₁₂Cn コペルニシウム (285)	₁₁₃Nh ニホニウム (278)	₁₁₄Fl フレロビウム (289)	₁₁₅Mc モスコビウム (289)	₁₁₆Lv リバモリウム (293)	₁₁₇Ts テネシン (293)	₁₁₈Og オガネソン (294)

₆₃Eu ユウロピウム 152.0	₆₄Gd ガドリニウム 157.3	₆₅Tb テルビウム 158.9	₆₆Dy ジスプロシウム 162.5	₆₇Ho ホルミウム 164.9	₆₈Er エルビウム 167.3	₆₉Tm ツリウム 168.9	₇₀Yb イッテルビウム 173.0	₇₁Lu ルテチウム 175.0
₉₅Am アメリシウム (243)	₉₆Cm キュリウム (247)	₉₇Bk バークリウム (247)	₉₈Cf カリホルニウム (252)	₉₉Es アインスタイニウム (252)	₁₀₀Fm フェルミウム (257)	₁₀₁Md メンデレビウム (258)	₁₀₂No ノーベリウム (259)	₁₀₃Lr ローレンシウム (262)

本表に示した原子量はIUPAC(国際純正・応用化学連合)によって勧告された値を有効数字4けたに四捨五入したものである.

絵ときでわかる 基礎化学 第2版

岸川卓史
齋藤 潔
成田 彰 =共著
森安 勝
渡辺祐司

「絵ときでわかる基礎化学（第2版）」執筆者一覧 (五十音順)

〔執筆担当箇所〕

岸川卓史	横浜市立金沢高等学校	6章
齋藤　潔	桐蔭横浜大学	5章，7章 7-4節
成田　彰	東京工業大学附属科学技術高等学校	3章，4章
森安　勝	東京工業大学附属科学技術高等学校	1章 1-6節，7章 7-1～7-3節
渡辺祐司	横浜市立横浜サイエンスフロンティア高等学校	単位と数値について 1章 1-1～1-5節，2章

イラスト　中川友夫

本書に掲載されている会社名・製品名は，一般に各社の登録商標または商標です．

本書を発行するにあたって，内容に誤りのないようできる限りの注意を払いましたが，本書の内容を適用した結果生じたこと，また，適用できなかった結果について，著者，出版社とも一切の責任を負いませんのでご了承ください．

本書は，「著作権法」によって，著作権等の権利が保護されている著作物です．本書の複製権・翻訳権・上映権・譲渡権・公衆送信権（送信可能化権を含む）は著作権者が保有しています．本書の全部または一部につき，無断で転載，複写複製，電子的装置への入力等をされると，著作権等の権利侵害となる場合があります．また，代行業者等の第三者によるスキャンやデジタル化は，たとえ個人や家庭内での利用であっても著作権法上認められておりませんので，ご注意ください．

本書の無断複写は，著作権法上の制限事項を除き，禁じられています．本書の複写複製を希望される場合は，そのつど事前に下記へ連絡して許諾を得てください．

出版者著作権管理機構
（電話 03-5244-5088，FAX 03-5244-5089，e-mail: info@jcopy.or.jp）

JCOPY ＜出版者著作権管理機構 委託出版物＞

読者の方々へ

化学は暗記もの？

あなたは，化学についてどのような印象をもっていますか？ もし，化学が「暗記もの」だとか，「取り付きにくい」，「自分とはあまり関係ない」，「めんどくさい」などと思っている人は，是非この本を少し読んでみて下さい．

化学は目に見えない，とても小さな世界，すなわち電子や原子，分子の世界を取り扱う分野です．目に見えないから，簡単に想像することができません．だから，文字でのみ理解しようとする場合は，「暗記するしかない」と感じてしまうわけです．その問題を解決するには，「実験」を実際に行って，そこに目に見えない電子や原子，分子が確かに存在していることを体で感じることが一番です．しかし，しょっちゅう実験しながら勉強するのは，なかなか難しいのが実情です．そこで，本書の出番となります．

頭の中で化学変化の様子を映画で上映しよう！

楽譜は，音楽を奏でるために使うものですが，楽譜を見て目をつぶると音楽が聞こえてくるようなイメージを持つこともできます．また，音楽を聴いてそれを楽譜に表すことも可能でしょう．化学でも反応式を見たり実験をしながら，なかなか目には見えない分子の世界をイメージして，化学反応が起きる様子を頭の中で映画として上映できるようになるのです．このような分子の振舞いをイメージしながら化学の理解を進めることが，本書ではすべてのページで工夫されています．本書の挿絵は単なる挿絵ではありません．あなたが少しずつ正確な映画を上映できるように助けてくれる仲間です．さあ，あなたも原子，分子の世界の大スペクタクルシーンの撮影に取り掛かりましょう．すでに作られたCGや映像を見る学習とはまったく違う効果を体験できるはずです．

化学の楽しさ

化学は，他の科学分野の学問とかなり違った歴史を辿ってきました．19世紀の化学者ベルトゥーロ（P. E. M. Berthelot）は，「化学は，独自の基盤をもつ科学でなく，古代の科学の形式の名残りの上に立っている」といっています．すなわち，想像と実利が交じり合いながら，冶金学，医学，薬学，実用的産業を積み

重ねて出来上がりました．賢者の石によって，卑金属から貴金属を作り，また万病薬を作って病気から身を守って完全なる幸福を得ようとした「錬金術」に由来しています．化学は英語で「chemistry」といいます．錬金術を表す英語の「alchemy」の語源は，紀元前250年ごろに生まれた金属鋳造技術を示すギリシャ語の「chumeia」であるといわれています．また，12世紀に錬金術などを記した文書には，シェミ「Chemi」という表題がつけられていました．魔法や信仰ともかかわりながら発展した「自然の哲学」が化学の源といえるのです．

　化学は，頭に浮かんだ「夢」を形にしようと「実験」を繰り返すことで進歩してきました．そして，その中で「幸福な偶然」すなわち，「セレンディピティー (serendipity)」による発見がノーベル賞をはじめとする多くの業績を生み出しました．この「思いがけない大発見」ができるのも他の分野にない，化学ならではの特徴です．

　あなたも，原子，分子の世界を自由に思い描けるようになり，化学のセレンディピティーを楽しみましょう．

2007年2月

著者らしるす

第2版の序

　今から2000年以上前に，ルクレティウスにより記された叙事詩「物の本質について」には，原子の概念として，「小物質，原体，原素，素材体」という言葉が用いられ，「人間を含む万物は，絶えず動き回る極小の粒子でできている」ことが述べられています．ルクレティウスは，この叙事詩を書くために，「観察すること」と「考えること」を行いました．この書物の写本が15世紀にボッジョによって発見され，人々に広く読まれるようになり，人類の科学の全てがここから始まったとも言われています．化学は，「観察し，仮説を立て，実験し，考察する」ことを繰り返す分野の一つであり，人々に「考える力」を育む機会を与えてくれます．理系文系を意識すること無く，この本を手にされた方の「観察力」や「考える力」を広く育成するための道具として，本書を活用して頂きたいと考えています．ルクレティウスは理系でも文系でもないと考えると，「考える力」がもたらす可能性は，無限に拡がるように感じます．

2019年1月

著者らしるす

目　　次

第 1 章　物質の構成

1-1　物質の構成粒子 …………………………………… 2
1-2　原子の構造 ………………………………………… 8
1-3　原子の電子配置 …………………………………… 14
1-4　最外殻電子とオクテット則 ……………………… 20
1-5　元素の周期律 ……………………………………… 24
1-6　物質の表し方 ……………………………………… 30
　　章末問題 …………………………………………… 37

第 2 章　物質の量と変化

2-1　原子量・分子量・式量 …………………………… 40
2-2　物質量　モル　mol ……………………………… 44
2-3　濃　度 ……………………………………………… 50
2-4　化学変化の表し方 ………………………………… 54
2-5　化学変化の量的関係 ……………………………… 58
　　章末問題 …………………………………………… 62

第 3 章　化学結合

3-1　化学結合の種類 …………………………………… 64
3-2　分子の構造 ………………………………………… 72
3-3　分子の極性と水素結合 …………………………… 78
3-4　結晶構造 …………………………………………… 84
　　章末問題 …………………………………………… 90

第 4 章　気体と溶液の性質

4-1　物質の状態変化 …………………………………… 92
4-2　気体の性質 ………………………………………… 96
4-3　理想気体 …………………………………………… 100
4-4　実在気体 …………………………………………… 104
4-5　溶　液 ……………………………………………… 108
4-6　溶液の性質 ………………………………………… 112

v

4-7　コロイド溶液 …………………………………… 118
　　章末問題 ………………………………………………… 122

第5章　化学反応と反応速度

　　5-1　化学反応と熱 …………………………………… 124
　　5-2　熱化学方程式とヘスの法則 …………………… 126
　　5-3　反応の速度 ……………………………………… 132
　　5-4　化学反応速度論 ………………………………… 134
　　5-5　化学平衡 ………………………………………… 138
　　章末問題 ………………………………………………… 142

第6章　酸と塩基

　　6-1　酸と塩基の基本的な概念 ……………………… 144
　　6-2　酸と塩基の定義 ………………………………… 148
　　6-3　酸と塩基の強弱 ………………………………… 152
　　6-4　水素イオン濃度とpH …………………………… 156
　　6-5　中和反応と塩の生成 …………………………… 162
　　6-6　中和滴定 ………………………………………… 168
　　6-7　緩衝液 …………………………………………… 172
　　章末問題 ………………………………………………… 176

第7章　酸化と還元

　　7-1　酸化と還元の基本的な概念 …………………… 178
　　7-2　金属のイオン化傾向と電池 …………………… 184
　　7-3　実用電池 ………………………………………… 192
　　7-4　電気分解 ………………………………………… 200
　　章末問題 ………………………………………………… 204

　　章末問題の解答 ………………………………………… 205
　　索　引 …………………………………………………… 215

単位と数値について

本書で取り扱う単位を数値について以下にまとめる.

1 単　位

(1) SI 基本単位　国際単位系（SI：international system of units）は，化学に限らずさまざまな分野で扱う単位を統一するために国際会議で決められた．日本でも原則として SI を優先的に使用することになっている（一部，従来単位と SI との併用が認められている）．

SI は**表1**に示す7つの基本単位を基礎として構成されている．

(2) SI 組立単位　上記の基本単位を組み合わせて作られる単位を SI 組立単位といい，すべての物理量は SI 組立単位によって表される．

SI 組立単位には，**表2**のように固有の名称と記号をもつものがある．

表1　7つの基本単位

物理量	単位名称	単位記号
長さ	メートル	m
質量	キログラム	kg
時間	秒	s
電流	アンペア	A
温度	ケルビン	K
物質量	モル	mol
光度	カンデラ	cd

表2　固有の名称をもつ組立単位の例

物理量	単位名称	単位記号	基本単位による表現
力	ニュートン	N	$kg \cdot m \cdot s^{-2}$
圧力	パスカル	Pa	$kg \cdot m^{-1} \cdot s^{-2}$
エネルギー・仕事・熱量	ジュール	J	$kg \cdot m^2 \cdot s^{-2}$
仕事率	ワット	W	$kg \cdot m^2 \cdot s^{-3}$
電荷・電気量	クーロン	C	$A \cdot s$
電圧・電位差	ボルト	V	$kg \cdot m^2 \cdot s^{-3} \cdot A^{-1}$

(3) SI 接頭語　SI 単位の 10 の累乗倍を表すために，**表3**のような SI 接頭語を SI 基本単位の前につけて用いる．

たとえば，（長さ）nm ナノメートル，（圧力）kPa キロパスカル，（電流）mA ミリアンペアなどである．ただし，（質量）については，基本単位 kg ではなく，mg（ミリグラム），μg（マイクログラム）のように，g（グラム）に接頭語をつける．

(4) 本書で用いる SI 以外の単位　本書では SI 以外の単位として，**表4**の単位記号を用いることがある．

【参考資料】
　JIS Z 8203（2000）〈廃止〉国際単位系（SI）及びその使い方
　JIS Z 8000-1（2014）
　国際文書第 8 版（2006）
　日本化学会 単位・記号小委員会資料

表3　SI接頭語

倍数	接頭語	記号	倍数	接頭語	記号
10	デカ	da	10^{-1}	デシ	d
10^2	ヘクト	h	10^{-2}	センチ	c
10^3	キロ	k	10^{-3}	ミリ	m
10^6	メガ	M	10^{-6}	マイクロ	μ
10^9	ギガ	G	10^{-9}	ナノ	n
10^{12}	テラ	T	10^{-12}	ピコ	p

表4　本書で用いるSI以外の単位

物理量	単位記号	読み方	基本単位による換算
体積	L	リットル	$1\,L = 10^{-3}\,m^3 = 1\,dm^3$
モル濃度	mol/L	モル パー リットル	$1\,mol/L = 10^3\,mol/m^3$
圧力	atm	アトム	$1\,atm ≒ 101\,325\,Pa ≒ 101.3\,kPa$
圧力	mmHg	ミリメートル エイチ ジー	$1\,mmHg ≒ 133.322\,Pa ≒ 0.133\,kPa$

2　数　値

（1）**有効数字とは**　数値を表現するときに，誤差を考慮に入れた場合に信頼できる意味のある数字を有効数字という．ただし，有効数字の桁数を考えるときは，位取りを表すだけの0は有効数字に含めない．**表5**に例を示す．

有効数字は，指数を使って表すとはっきりする．本書においては，原則として有効数字3桁を採用し，□.□□×10^n の形で表記する．

（2）**数値の丸め方**　「ある数値の概数を得る」ことを「数値を丸める」という．数値の丸め方についてはいくつかの厳密な規則がある[*1]が，本書においては有効数字として求められている桁数の1つ下のけたで，単純に四捨五入を行うこととする．

（例）次の数値を有効数字3桁で表すと，以下のようになる．

① 0.0123456

　（0.0123̶456 → 0.0123 → 1.23×10^{-2}）

　　四捨五入切捨て

表5　有効数字の例

数値	有効数字の桁数	数値	有効数字の桁数
12	2桁	0.0012	2桁
12.0	3桁	0.12	2桁
120	2桁	0.120	3桁
1.200	4桁	0.1200	4桁

② 23450
 (23450 → 23500 → 2.35×10^4)
 四捨五入切上げ

※注意 丸めは常に1段階で行わなければならない．たとえば，1.2748 を有効数字3桁に丸めるとき，以下のように2段階で丸めてはいけない．

　　　　　　　　　　（1段階）　　（2段階）
（誤り）　1.2748　→　1.275　→　1.28 ×
（正しい）1.2748　→　1.27 ○

(3) **原子量の表記について**　原子量については，有効数字にかかわらず，概数として小数第1位にそろえた値を使うこととする．本書においては，計算上特に必要な場合を除き，これを採用する．

（原子量の表し方の例）
水素 H = 1.0　　炭素 C = 12.0　　ナトリウム Na = 23.0　　塩素 Cl = 35.5
銀 Ag = 107.9

【参考資料】
*¹　JIS Z 8401（1999）数値の丸め方

Column　1 mol（物質量）の定義が変わった．－1 kg（質量）の定義の変更と共に…

2018年11月に開催された CGPM（国際度量衡総会）において，国際単位系（SI）の基本7単位 ①時間（秒 s）②長さ（メートル m）③質量（キログラム kg）④物質量（モル mol）⑤電流（アンペア A）⑥温度（ケルビン K）⑦光度（カンデラ cd）の定義のうち，質量，物質量，電流，温度についてこれまでの定義を見直すことを決定した．

なお，新しい国際単位系（SI）の施行日は2019年5月20日．

<1 mol>
これまで，1 mol は「0.012 kg = 12 g の質量数12の炭素原子 ^{12}C の中に存在する原子数と等しい粒子数を含む量」と定義されていた．しかし，新しい定義では，まずアボガドロ定数 N_A を不確定さのない定義値として決め（$N_A = 6.02214076 \times 10^{23}$，1 mol = $6.02214076 \times 10^{23}$ 個），その値から1 mol の量を決める．

「12 g の炭素原子 ^{12}C は1 mol ではなくなった．」

とはいえ，化学を学ぶ上でこれまでのアボガドロ定数 N_A を 6.02×10^{23}/mol として使用して問題ない．

<1 kg>
これまで，1 kg は1889年に「国際キログラム原器（IPK）の質量に等しい．」と定義され，白金にイリジウムを混ぜた人工物である IPK はフランス・パリで130年間厳重に保管され，世界の質量の基準とされてきた．しかし汚れや摩耗などによる質量の変動の恐れがあり，質量が不変である保証はない．

すでに長さの単位であるメートル m はメートル原器という人工物による値から「光の速さ」という物理定数に基づく定義値に変わり，時間の単位である秒 s も地球の自転周期による値から「セシウム原子の出す電磁波」に基づく定義値に変わっている．1 kg の大きさは「光の速度と時間とプランク定数 h」から計算できるので，新しい定義ではプランク定数 h を不確定さのない定義値として決めることで，1キログラム kg も人工物によらない普遍性をもつ値に変わった．

本書に登場するおもなキャラクター

原子くん　原子ちゃん

電子を離しやすい原子くん，
電子を受け取りやすい原子ちゃん．

電子くん　電子ちゃん

電子の異なるスピンをイメージしている
電子くんと電子ちゃん．

原子核くん

原子のまわりにあった電子がなくなったのを
イメージして宙に浮いているのが特徴．
（本当は非常に小さい）

分子くん

非常に単純な姿でいろいろなところに現れる．
実際は複数の原子からできていることが多い．

陽イオンくん　陰イオンちゃん

電子を離し，原子くんより小さくなって×の絆創膏
（プラスの意味）をつけた陽イオンくん．
電子を受け取り，原子ちゃんより大きくなって−の
髪飾り（マイナスの意味）をつけた陰イオンちゃん．

水素原子くん　プロトンくん

小さな原子の水素原子くん．
電子が抜け，非常に小さくなって，額に×の絆創膏
をはったプロトンくん．

本書の執筆陣（五十音順）

岸川　　齋藤　　成田　　森安　　渡辺

第1章
物質の構成

●●●

　私たちのまわりには，たくさんの物質が存在し，快適で安全な生活が営まれている．「化学」は，物質の性質や変化を研究する学問であるが，いったい物質は何からできているのだろう？

　この疑問を解き明かすため，古来から多くの人々がいろいろな考えを提唱してきた．現在では，科学技術の発達により，物質を構成するものを見ることもできるようになった．この章では，物質について考えてみよう．

1-1 物質の構成粒子

物質は，原子が集まってできている．原子がどのように集まって物質を構成しているのか，考えてみよう．

① 物質は，純物質と混合物に分類される．1種類の元素からなる物質を単体，2種類以上の元素からなる物質を化合物という．
② 物質を構成する基本的な粒子を元素といい，100種類あまりある．
③ 物質は，原子のつながり方により，分子やイオンなどからなる．

1 物　質

 私たちの身の回りにあるいろいろな「もの」に注目して，それらがどんな物質からできているか考えてみよう！

　私たちの身の回りには，いろいろな「もの」がある．「もの」をその形や用途に着目してみるとき，物体（object）という．これに対して，形づくっている素材や材料に着目して「もの」をみるときは，物質（substance）という．たとえば，はがきやノート，牛乳パックなどは，どれもセルロースという素材からできている（図 1.1）．

　化学は，物質の構造や性質，変化について研究する学問である．私たちは化学反応を利用して，有用な天然物質を人工的に作ったり，天然には存在しない新しい物質を合成し，これらの物質を利

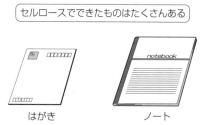

図 1.1　セルロースを素材とする物体

用して便利で豊かな生活を送っている．しかし，これらの物質の中には，地球環境や他の生物に思わぬ被害をもたらすものもある．これからの化学は，地球環境に生きる人間や他の生物に配慮し，地球上の資源をより有効に利用するための物質循環を考えたものでなくてはならない．

2　純物質と混合物

物質は，純物質（pure substance）と混合物（mixture）とに分類され，純物質はさらに単体（simple substance）と化合物（compound）に大別される（図1.2）．純物質は1種類の物質からできているもの，混合物は2種類以上の物質が混ざり合ってできているものである．

混合物はろ過，蒸留・蒸発などの物理的操作によって，数種の純物質に分離（separation），精製することができる（図1.3）．

図1.2　物質の分類

 砂が混じった食塩水をそれぞれの物質に分離するにはどうすればよいのだろう？

図1.3のように，はじめにろ過によって砂を分別し，食塩水から水を蒸発させることで，食塩を得ることができる．

雨水や水道水は純物質のようにみえるが，詳しく調べると水の中に少量のいろいろな成分を含んでいる．このように，純物質の中に混ざっている少量の成分を不純物（impurity）という．また，不純物を取り除いて純物質を得ることを精製（purification）という．

図1.3　砂が混じった食塩水の分離・精製

3　単体と化合物

1種類の元素だけからなる純物質を単体という．2種類以上の元素からなる純物質を化合物という．

金属の銅は銅という元素，気体の酸素は酸素という1種類の元素だけからできているので単体である．また，「黒鉛（グラファイト），ダイヤモンド，フラーレン，カーボンナノチューブはどれも炭素だけからなる単体であるが，性質の異なる物質である」（**図1.4**）．このように，同じ元素の単体で性質の異なる物質を，互いに同素体（allotrope）という（**表1.1**）．

表1.1　同素体の例

元素	同素体	性質など（常温・常圧＊）
炭素C	黒鉛（グラファイト）	黒色の固体，導体，密度 2.3 g/cm^3（黒鉛一層分の薄膜状の物質をグラフェンとよぶ）
	ダイヤモンド	無色・透明の固体，絶縁体，密度 3.5 g/cm^3
	フラーレン	黒褐色の固体，絶縁体，密度 1.7 g/cm^3（C_{60}はサッカーボール状の球状構造，C_{72}，C_{80}などの総称）
	カーボンナノチューブ	黒色の固体，導体または半導体（グラフェンが筒状になった構造）
酸素O	酸素 O_2	無色の気体，無臭，沸点 －183℃，密度 1.4 g/L
	オゾン O_3	淡青色の気体，特異臭，沸点 －111℃，密度 2.1 g/L

＊20℃，1.013×10^5 Pa（1 atm）

水や氷は水素と酸素の2種類の元素から，砂糖は水素，炭素，酸素の3種類の元素からなる化合物である．私たちの身の回りにある物質の大部分は，化合物であるといってよい．

黒鉛（グラファイト）
グラフェン

ダイヤモンド

フラーレン（C_{60}）

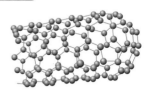
カーボンナノチューブ

同じ炭素でできているのに，色も形も値段も違う！

図1.4　炭素の同素体

4　元素

物質を構成する最も基本的な成分を**元素**（element）という．たとえば，水を電気分解すると水素と酸素になるが，水素と酸素はそれ以上別の純物質に分けることはできない．現在，元素は人工的に得られたものも含めて100種あまりあり，

それぞれに元素名と**元素記号**（symbol of element）が定められている．一般に，元素記号は元素のラテン語名の頭文字（大文字）か，それにもうひと文字（小文字）を添えて表すことが多い（**表 1.2**）．

表1.2　元素名と元素記号の例

元素名	水　素	酸　素	鉄
ラテン語名	Hydrogenium	Oxygenium	Ferrum
元素記号	H	O	Fe
英語名	Hydrogen	Oxygen	Iron

図1.5　元素の種類

5　原 子

それぞれの元素の単体を構成している粒子を**原子**（atom）といい，元素記号と同じ記号で表す．原子の大きさや質量は元素によって異なるが，直径はおよそ 10^{-10} m，質量はおよそ $10^{-27} \sim 10^{-25}$ kg と非常に小さい．

原子の名称は元素の名称と同じで，原子を表す記号として元素記号がそのまま用いられる．たとえば，「水素」という元素の原子を「水素原子」と呼び，元素記号 H は，元素を表すときにも水素原子を表すときにも用いられる．原子は，すべての物質を構成する最も基本的な粒子である．

6　分 子

原子と分子にはどんな違いがあるのだろうか？

いくつかの原子が**化学結合**（chemical bonding）[*1] してできた粒子で，その物質の性質を示す最小の粒子を**分子**（molecule）という．たとえば，水を構成する最小の単位粒子は，水素原子2個と酸素原子1個が結合してできた水の分子で，H_2O という化学式で表される．また，水素の気体の最小単位粒子は水素原子そのものではなく，水素原子2個が結合してできた水素分子 H_2 である．**図 1.6** のように多くの物質が分子からなるが，塩化ナトリウム（NaCl）などの塩類や鉄

[*1] 化学結合については，第3章を参照のこと

（Fe）や銅（Cu）などの金属は，分子をもたない。

分子を構成するいくつかの原子のうちで，ひとつの単位となって存在する原子の集団を**原子団**（atomic group）という。原子団は，あたかも1個の原子やイオンのように働き，特有の化学的性質を示す。

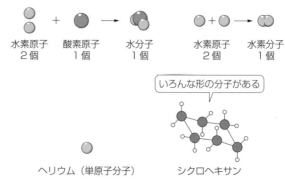

図1.6　いろいろな分子

7　イオン

マイナスイオンという言葉をよく聞くが，イオンと原子や分子はどう違うのだろう？

イオン（ion）は，電子のやりとりにより電荷を帯びた原子や原子団で，正の電荷をもつものを**陽イオン**（cation），負の電荷をもつものを**陰イオン**（anion）という。たとえば，食塩（塩化ナトリウム）は，ナトリウムNaと塩素Clという2種類の元素からできていて，NaClという化学式で表される。しかし，それぞれの元素は電気的に中性ではなく，ナトリウムイオンNa^+と塩化物イオンCl^-

図1.7　塩化ナトリウムの構成　　　図1.8　原子とイオン

が互いに1:1の割合で結合し，塩化ナトリウムという物質を構成している（図1.7，図1.8）.

　一般に，原子が電子を放出すると陽イオンになり，電子を受け取ると陰イオンになる．原子が電子を放出して陽イオンになるともとの原子のときより小さくなり，電子を受け取って陰イオンになるともとの原子のときより大きくなる（図1.8）.

Column　ドルトンの原子説

　物質は何からできているのか，また，どこまで無限に分割できるのかについては古代から多くの論争があった．古代ギリシアでは，物質は4つの元素（火・水・土・空気）からなるという「四元素説」が信じられていた．しかし，これらの考えは空想的なもので，実験的に確かめられたものではなかった．1803年にドルトンは，すでに確立していた2つの法則，質量保存の法則と定比例の法則を矛盾なく説明するためには，「単体も化合物もすべて粒子（原子）からできていて，それぞれの元素の粒子（原子）は固有の質量と大きさをもっており，分割できない．」という考えを発表した．これが，ドルトンの原子説である（原子（atom）の語源は，「分割できないもの」である：a「…ない」，tom「分割できる」）．さらにドルトンは「倍数比例の法則」を予測し，多くの原子の相対的な質量を定めた．そして，ドルトンは原子を表すのに円形記号を考案し（1808年），原子量も公表した（1810年，図1.9）．ドルトンの原子説には不十分な点もあったが，基本的な理論として発展し，現在では電子顕微鏡の発達により，原子の存在が確認できる．

Hydrogen, 1　　Azote, 5　　Carbon, 5A　　Oxygen, 7
Phosphorus, 9　　Sulphur, 13　　Soda, 28　　Potash, 42

図1.9　ドルトンが提唱した元素記号

▼ドルトンの原子説に関係が深い法則

質量保存の法則 （1774年）	ラボアジェ （フランス）	化学変化の前後で物質全体の質量は変わらない
定比例の法則 （1799年）	プルースト （フランス）	ひとつの化合物を構成する成分元素の質量比は一定である （例）水では水素と酸素の質量比は1:8である
倍数比例の法則 （1803年）	ドルトン （イギリス）	元素A，Bから2種類以上の化合物ができるとき，元素Aの一定量と化合する元素Bの質量の比は，簡単な整数の比になる （例）一酸化炭素COと二酸化炭素CO_2では，炭素1gと化合する酸素の質量は，1.33gと2.66gで，質量の比は1:2となる

1-2 原子の構造

原子は,すべての物質を構成する基本粒子である.原子の振舞いを理解することが,「化学」を理解する第一歩.

① 原子は,原子核(陽子と中性子)とそのまわりを運動する電子からできている.
② 原子核の直径は,原子全体の中でごく小さい.しかし,原子核の質量は原子全体のほとんどを占める.
③ 同じ元素でも,質量数の異なる原子を互いに同位体という.

1 原子の構成

> 原子の振舞いを理解するために,まず原子の構成を理解しよう!

原子(atom)は,中心にある正(+)の電荷をもつ原子核(atomic nucleus)と,そのまわりに存在し負(−)の電荷をもつ電子(electron)から構成される.

原子核は,正(+)の電荷をもつ陽子(proton)と電荷をもたない中性子(neutron)からできている.**図 1.10** にヘリウム原子と原子の構成を示す.

陽子1個と電子1個のもつ電気量[*2] は,それぞれ符号が反対(+と−)で,

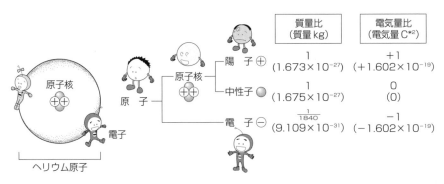

図1.10 ヘリウム原子と原子の構成

[*2] 電気量の単位は,クーロン〔C〕.1アンペア〔A〕の電流が1秒間〔s〕に運ぶ電気量を1クーロンという.

絶対値が等しい．これを電気素量（elementary electric charge）といい，電気量の最小単位である．原子の中では，陽子数と電子数は等しいので，原子全体としての電荷は打ち消され（±0），電気的に中性である．

電子の質量は陽子や中性子の約 1/1840 であるため，原子の質量のほとんどが原子核に集中しているといえる．

2 原子の大きさ

原子 1 個は非常に小さい．原子の大きさをイメージしてみよう！

1 ヘリウム原子の大きさ

ヘリウム原子の大きさを図 1.11 に示す．原子に比べ，原子核はきわめて小さい．図 1.11 では，原子核の大きさが実際の比率よりも大きく描かれている．

2 原子と地球の大きさを比べてみると…

原子の直径と野球ボールの直径，野球ボールの直径と地球の直径の関係は，それぞれ，約 2 億倍（$2×10^8$ 倍）になる（図 1.12）．

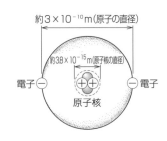

図 1.11　ヘリウム原子の大きさ

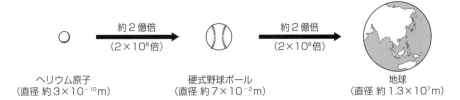

図 1.12　原子と野球ボールと地球の直径の比較

3 原子と原子核の大きさを比べてみると…

原子の直径と原子核の直径の関係は，直径 100 m のスタジアムとスタジアムのグランド上にある直径 1～3 mm の砂粒の関係と同じであり，原子の内部はほとんどスカスカの空間であるといえる（図 1.13）．

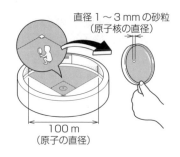

図1.13　原子と原子核の大きさの比較

3　原子のモデル

1　ボーアの原子モデル

ボーア（Bohr, デンマーク）が提案した理論で，「原子の中の電子は，原子核のまわりでいくつかの決まった軌道だけを回っている」，「電子は，ある条件を満たすとびとびのエネルギーの値のものだけが存在する」として，原子の構造を平面で表し，電子の運動を円運動で表した原子モデル（**図1.14**）である．

図1.14　ボーアの原子モデル

2　電子雲モデル

ド・ブロイ（de Broglie, フランス）は，ボーアの理論を発展させ，粒子性をもつ電子が同時に波動性をもつ[*3]として，電子がとびとびのエネルギーをもって存在する理由を説明した．さらに，シュレーディンガー（Schrödinger, オーストリア）は，電子の振舞いを波動方程式として記述する波動力学を完成させた．

---

*3　たとえば，電子や光などは粒子のような性質と共に，波のような性質の両方をもつ．

これによれば，電子の位置は存在確率*4として示される．電子の空間分布を存在確率に比例した密度で点を打つと，電子の軌道の形や大きさを立体的に濃淡で表すことができる（図 1.15）．これを電子雲モデルと呼ぶ．

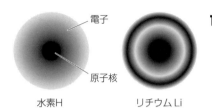

図 1.15　電子雲モデル

4　原子番号と質量数

元素・原子を表す記号は世界共通．表し方のルールを学ぼう！

元素は，原子核中の陽子の数で区別する．この数を原子番号（atomic number）という．たとえば，窒素は原子核に 7 個の陽子をもつので原子番号は 7 である．つまり，陽子の数が同じであれば，同じ元素である．

また，原子核中の陽子の数と中性子の数の和を質量数（mass number）という．たとえば，陽子 7 個，中性子 7 個をもつ窒素の質量数は 14 である．窒素の元素記号，原子番号，質量数の表し方を図 1.16 に示す．

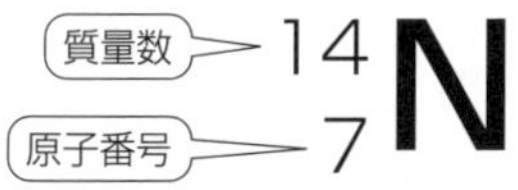

元素名	窒素
元素記号	N
原子番号	7（陽子の数 7 個）
質量数	14（陽子の数 7 個＋中性子の数 7 個）

質量数 → 14
原子番号 → 7　N

図 1.16　元素記号・原子番号・質量数の表し方

5　同位体

同じ元素でも，質量数の異なる原子を互いに同位体（isotope）という．同位体では，陽子の数は同じで，中性子の数が異なる．たとえば，水素には 3 種の同位体が存在し，同位体を区別して表記するときは，元素記号の左上に質量数を添

---

*4　正確には，電子は原子核のまわりを回っていない．原子核のまわりに，ある確率によって存在する雲のようなイメージである．

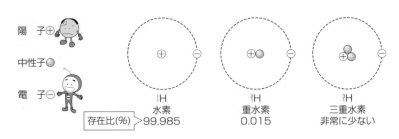

図 1.17 水素の同位体

える(**図 1.17**).

自然界にある多くの元素は,何種類かの同位体の混合物で,それぞれの同位体存在比*5 はほぼ一定である.

同じ元素の同位体では陽子の数,電子の数が等しいので,化学的性質(化学反応性)はほぼ同じであるが,原子の質量が異なるので物理的性質(密度や沸点など)が異なる.

また,同位体は安定同位体(**表 1.3**)と放射性同位体に分けられる.安定同位体は放射線*6 を放出せず,他の原子核に変化しないが,放射性同位体(radio

表 1.3 安定同位体の例

元素		存在比〔%〕	陽子の数	中性子の数	質量数
水素	^1H	99.985	1	0	1
	^2H	0.015	1	1	2
炭素	^{12}C	98.90	6	6	12
	^{13}C	1.10	6	7	13
酸素	^{16}O	99.762	8	8	16
	^{17}O	0.038	8	9	17
	^{18}O	0.200	8	10	18
塩素	^{35}Cl	75.77	17	18	35
	^{37}Cl	24.23	17	20	37

*5 同位体存在比:一般に元素ごとに同位体の存在割合を原子数比(%)で表す.同位体存在度ともいう.
*6 放射線には,α線(Heの原子核),β線(電子の流れ),γ線(電磁波)などがあり,放射性同位体が崩壊し他の原子核に変化するときにこれらが放出される.放射線を放出する能力を放射能という.

isotope）は放射線を放出して他の原子核に変化する．三重水素 ^{3}H は放射性同位体である．

> ### 🧪 Column　放射性同位体 ^{14}C を使った年代測定
>
> 　^{14}C は図 **1.18** のように放射線を出して，一定の割合で減少していく（崩壊）（^{14}C の半減期[*7] は 5730 年）．地球上で ^{14}C と ^{12}C が存在する割合は，有史以前の古代からほぼ一定であり，光合成を行う植物は生きている限り，外界から CO_2 として ^{14}C を取り入れているので，植物組織内には外界と同じ割合で ^{14}C が含まれる．
>
> 　しかし，その植物が死ぬと，新たな ^{14}C が取り入れられなくなるので，その後は ^{14}C は時間とともに崩壊し，植物組織内の ^{14}C は減少していく．そこで，現在 ^{14}C が含まれている割合を測定すれば，古代の植物やその植物を食料としていた動物が生存していた年代を推定できる．最近では，この方法に極微量の試料で ^{14}C の測定が可能な加速器質量分析法（AMS）が用いられるようになり，古代の木像，発掘された木簡，土器，布などの年代が測定され，「キリストの聖骸布の真贋鑑定」や「弥生時代の始まりの年代」など興味深い報告がなされている．
>
>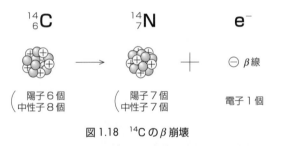
>
> 図 1.18　^{14}C の β 崩壊

[*7] 放射性同位体の数が半分に減少する時間を半減期という．半減期は放射性同位体によって異なる．

1-3 原子の電子配置

電子はとびとび（量子的）なエネルギーの値のものだけが存在する．電子の振舞いを理解することが「化学反応」を理解する第一歩．

①電子殻とは，電子が存在することのできる決まった空間のこと．電子殻は，さらに電子軌道に分けられる．
②原子内の電子の状態は，4つの量子数によって決められる．

1 電子殻と電子軌道

💡 電子の振舞いを理解するために，電子が存在する空間とその条件について理解しよう！

電子は，原子核のまわりを層に分かれて存在している．電子が存在することのできるこの層を**電子殻**（electron shell）という．これを原子核に近い内側から順に，K殻，L殻，M殻，N殻……と呼ぶ（図 **1.19**）．

電子殻の内部をさらに細かく分け，電子の存在する確率の高い領域を表したものを**電子軌道**（orbital）といい，順に，s軌道，p軌道，d軌道，f軌道……と呼ぶ（表 **1.4**）．

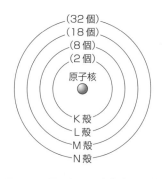

図1.19　電子殻と最大収容電子数

2 量子数—電子の状態を表現する

原子内の電子は，エネルギーの状態を自由にとることができず，特定のとびとびのエネルギーの値のものだけが安定に存在できる．

原子内の電子の状態は，①**主量子数**（n），②**方位量子数**（l），③**磁気量子数**（m），④**スピン量子数**（s）によって決められる．

①の**主量子数**（n）は，電子殻を示し，電子軌道のおおよそのエネルギーを表す．
電子殻は原子核に近い内側から外側に向かって，エネルギーの低い順に，K殻（$n=1$），L殻（$n=2$），M殻（$n=3$），N殻（$n=4$）……と呼ぶ．電子殻の最大

収容電子数は，K 殻から順に，2 個，8 個，18 個，32 個 …… となる（**表1.4**）．

最大収容電子数 $= (2n^2)$ 個と表される．

②の**方位量子数**（l）は，電子軌道の形と細部のエネルギーを表す．

方位量子数（l）は，主量子数（n）に対して，次のような n 種類の軌道の状態をもつ．

$l = 0, 1, 2, 3 \cdots n - 1$

表1.4 電子軌道と最大収容電子数

電子殻	電子軌道	最大収容電子数〔個〕	
K	1s	2	2
L	2s	2	8
	2p	6	
M	3s	2	18
	3p	6	
	3d	10	
N	4s	2	32
	4p	6	
	4d	10	
	4f	14	

たとえば，$n = 1$ のとき $l = 0$ の 1 種類，$n = 2$ のとき $l = 0, 1$ の 2 種類，$n = 3$ のとき $l = 0, 1, 2$ の 3 種類，$n = 4$ のとき $l = 0, 1, 2, 3$ の 4 種類となる．このとき，電子軌道を順に，s 軌道（$l = 0$），p 軌道（$l = 1$），d 軌道（$l = 2$），f 軌道（$l = 3$）……と呼ぶ．

つまり，電子殻は内部に次のように軌道をもつ（**表1.4**）．

　　K 殻は $n = 1$ なので s 軌道
　　L 殻は $n = 2$ なので s 軌道と p 軌道
　　M 殻は $n = 3$ なので s 軌道と p 軌道と d 軌道
　　N 殻は $n = 4$ なので s 軌道と p 軌道と d 軌道と f 軌道

③の**磁気量子数**（m）は，電子軌道の方向性を表す．

方位量子数（l）に対して，次のような（$2l+1$）種類の軌道の状態をもつ．

　　s 軌道（1 種類 s）
　　p 軌道（3 種類 p_x, p_y, p_z）
　　d 軌道（5 種類 d_{xy}, d_{xz}, d_{yz}, d_{z^2}, $d_{x^2-y^2}$）

④の**スピン量子数**（s）は，電子の自転の向きを表す．

$s = +1/2$，$-1/2$ の 2 種類の状態があり，通常 ↑，↓ で示す．

1 つの磁気量子数の状態に対して，スピンが逆向きの 2 個の電子が入ることができる．

上記の①～④をまとめ，電子殻と電子軌道の形をモデルで表すと**図1.20** のようになる．1 つの電子軌道には電子が 2 個まで入ることができる．

K殻（1s軌道（球形）1つ）➡ 最大2個の電子

1つの軌道には電子が2個まで入ることができる

L殻（2s軌道1つ，2p軌道3つ〔2p$_x$，2p$_y$，2p$_z$〕）➡ 最大8個の電子

 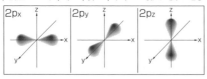

M殻（3s軌道1つ,3p軌道3つ〔3p$_x$, 3p$_y$, 3p$_z$〕, 3d軌道5つ〔3d$_{xy}$, 3d$_{xz}$, 3d$_{yz}$, 3d$_{x^2-y^2}$, 3d$_{z^2}$〕）➡ 最大18個の電子

 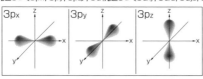

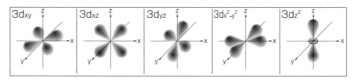

図1.20　電子殻と電子軌道

3　電子配置の規則

電子は，原子の中でどこにでもでたらめに存在するわけではない．電子の入り方を決める規則について学ぼう！

① **電子は，エネルギー準位の低い軌道から順に入っていく．**

　エネルギー準位は，一般に原子核に近い内側の電子殻にある電子軌道から順に外側に向かって高くなっていく．しかし，エネルギー準位が逆転する電子軌道がいくつかある．

1-3 原子の電子配置

【エネルギー準位】

(低い) (高い)

$1s \to 2s \to 2p \to 3s \to 3p \to \mathbf{4s}^* \to 3d \to 4p \to \mathbf{5s}^* \to 4d \to 5p \to \cdots\cdots$

※4s 軌道（N 殻）の方が，3d 軌道（M 殻）よりエネルギー準位が低い（**図 1.21**）．
→ 4s 軌道から先に電子が入る．

※5s 軌道（O 殻）の方が，4d 軌道（N 殻）よりエネルギー準位が低い．
→ 5s 軌道から先に電子が入る．

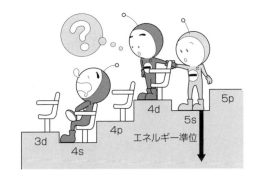

図 1.21　電子軌道とエネルギー準位の逆転

② 電子は，エネルギー準位が同じなら，空いている別々の軌道に入る．
「**フントの規則**」フント（F. Hund）

同じエネルギー準位の電子軌道にいくつかの電子が入る場合は，空きがあれば電子は 1 個ずつ別々の軌道に入る（**図 1.22**）．

※孤立した 1 個の電子＝不対電子を（↑）で示す．

p_x, p_y, p_z に 1 個ずつ電子が入った後でなければ，p_x, p_y, p_z には 2 個目の電子が入らない．

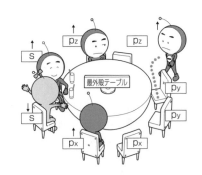

図 1.22　フントの規則と不対電子

※$s\uparrow$ と $s\downarrow$ のように互いにスピンが逆向きで，対になっている 2 個の電子＝電子対を（↑↓）で示す．

③ 電子は，4 つの量子数が他の電子と同時に等しくならないような軌道に入る．
「**パウリの排他原理**」パウリ（W. Pauli）

1 つの原子内では，2 個の電子について 4 つの量子数（n, m, l, s）が同時に等しくなることはない．つまり，電子の状態がまったく同じである電子は 2 個同時に存在できない．

同じ電子軌道（たとえば，2px軌道）であっても，スピン量子数が異なれば2個の電子は同じ軌道に入ることができる（図1.23）．

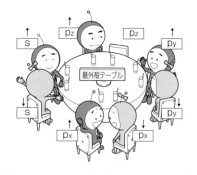

図1.23　パウリの排他原理とスピン量子数

※2個ペアの電子＝電子対を（↑↓）で示す

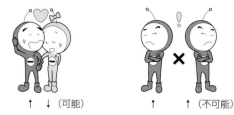

↑　↓　（可能）　　　　　↑　　↑　（不可能）

図1.24　スピン量子数と電子対の関係

---

(1) 次の元素の電子配置をs，p，dを用いて表せ．
　① $_{19}$K　　② $_{28}$Ni
(2) 次の電子配置をもつ原子を元素記号で答えよ．
　① $1s^2\,2s^2\,2p^6\,3s^2\,3p^4$
　② $1s^2\,2s^2\,2p^6\,3s^2\,3p^6\,3d^5\,4s^2$
(3) O殻（主量子数$n=5$）の最大収容電子数を求めよ．

答　(1) ① $1s^2\,2s^2\,2p^6\,3s^2\,3p^6\,4s^1$　② $1s^2\,2s^2\,2p^6\,3s^2\,3p^6\,3d^6\,3d^8\,4s^2$
表1.5に原子番号1〜18までの電子配置を示す．
(2) ① S　② Mn（3d軌道より先に4s軌道から電子が入っていく）
(3) 最大収容電子数＝$2n^2$　よって，$2\times 5^2 = 50$個

1-3 原子の電子配置

表1.5 電子配置(収容電子数)

周期	原子番号	元素記号	電子数						電子配置の表し方
			K殻	L殻		M殻			
			1s (2)	2s (2)	2p (6)	3s (2)	3p (6)	3d (10)	
1	1	H	1						$1s^1$
	2	He	2						$1s^2$
2	3	Li	2	1					$1s^2\,2s^1$
	4	Be	2	2					$1s^2\,2s^2$
	5	B	2	2	1				$1s^2\,2s^2\,2p^1$
	6	C	2	2	2				$1s^2\,2s^2\,2p^2$
	7	N	2	2	3				$1s^2\,2s^2\,2p^3$
	8	O	2	2	4				$1s^2\,2s^2\,2p^4$
	9	F	2	2	5				$1s^2\,2s^2\,2p^5$
	10	Ne	2	2	6				$1s^2\,2s^2\,2p^6$
3	11	Na	2	2	6	1			$1s^2\,2s^2\,2p^6\,3s^1$
	12	Mg	2	2	6	2			$1s^2\,2s^2\,2p^6\,3s^2$
	13	Al	2	2	6	2	1		$1s^2\,2s^2\,2p^6\,3s^2\,3p^1$
	14	Si	2	2	6	2	2		$1s^2\,2s^2\,2p^6\,3s^2\,3p^2$
	15	P	2	2	6	2	3		$1s^2\,2s^2\,2p^6\,3s^2\,3p^3$
	16	S	2	2	6	2	4		$1s^2\,2s^2\,2p^6\,3s^2\,3p^4$
	17	Cl	2	2	6	2	5		$1s^2\,2s^2\,2p^6\,3s^2\,3p^5$
	18	Ar	2	2	6	2	6		$1s^2\,2s^2\,2p^6\,3s^2\,3p^6$

1章 物質の構成

1-4 最外殻電子とオクテット則

原子は，安定な電子配置になりたくて，結合したりイオンになったりする．

① 最外殻電子とは，原子中の電子のうち，最も外側の電子殻（K, L, M……）にある電子のこと．元素の化学的性質を決める．
② オクテット則とは，最外殻電子が8個（＝貴ガスの電子配置）のとき，原子は最も安定な状態になるという原理．

1 最外殻電子と価電子

 化学反応を理解するために最も重要なのが，最外殻電子の振舞いである．最外殻電子がどのような振舞いをするのか想像してみよう！

原子中の電子のうち，最も外側の電子殻（K殻，L殻，M殻……）にある電子を**最外殻電子**（outermost-shell electron）という．最外殻電子は，原子の結合やイオン化に関係し，元素の化学的性質を決める．また，最外殻電子を特に**価電子**（valence electron）ともいう．価電子の数が同じ元素は，互いによく似た化学的性質を示す．最外殻電子と価電子の数の例を**表 1.6** に示す．

たとえば，原子番号5のホウ素BはL殻が最外殻でその電子数が3個なので，最外殻電子数＝価電子数＝3である．一方，イオンになりにくく結合を作りにくい**貴ガス**（noble gases）[*8] では，価電子の数を0個とみなす．たとえば，原子番号10のネオンNeは最外殻電子が8個であるが，価電子の数は0個とする．

表 1.6 最外殻電子と価電子

元素	$_1$H	$_5$B	$_{10}$Ne	$_{11}$Na
電子配置	(1+) 価電子	(5+) 価電子	(10+)	(11+) 価電子
最外殻電子	1個	3個	8個	1個
価電子	1個	3個	0個	1個

2 貴ガス（希ガス）の電子配置

周期表（1-5節参照）18族の貴ガス原子では，表 1.7 に示すように，最外殻の s 軌道，p 軌道が満たされ，**s^2p^6 の電子配置**となっている（He は 1s 軌道が満たされ **s^2** の電子配置）.

このような電子配置は最も安定であり，他の原子と反応しにくい．貴ガス以外の原子も電子をやり取りして貴ガスと同じ電子配置をとれば安定になる．

表 1.7 貴ガスの電子配置

貴ガス原子	電子配置	最外殻
$_2$He	$1s^2$	K殻
$_{10}$Ne	[He] $2s^2\,2p^6$	L殻
$_{18}$Ar	[Ne] $3s^2\,3p^6$	M殻
$_{36}$Kr	[Ar] $3d^{10}\,4s^2\,4p^6$	N殻
$_{54}$Xe	[Kr] $4d^{10}\,5s^2\,5p^6$	O殻
$_{86}$Rn	[Xe] $4f^{14}\,5d^{10}\,6s^2\,6p^6$	P殻

[He] は He の電子配置を表す

貴ガスは，常温・常圧で無色・無臭の気体である．

極めて安定な性質をもつ貴ガスは，私たちの身近なところでさまざまに利用されている．その例を表 1.8 に示す．

表 1.8 貴ガスのおもな用途

He	・風船・気球・飛行船の浮揚用ガス ・リニアモーターカーなどの超伝導磁石の冷却剤 　（液体ヘリウムは -269℃）
Ne	・ネオン管の封入ガス（看板広告などのネオンサイン） ・ヘリウム-ネオンレーザー
Ar	・電球（アルゴンランプ）や蛍光灯の封入ガス ・医療用レーザーメス（アルゴンレーザー）
Kr	・電球（クリプトンランプ）の封入ガス
Xe	・電球（キセノンランプ）の封入ガス ・ストロボ（フラッシュ）光源 ・プラズマディスプレイパネルの充填ガス

＊8　貴ガスは希ガス（rare gases）とも呼ばれる．

3 オクテット則

貴ガスの電子配置のように最外殻電子が8個（Heは2個）のとき，原子は最も安定する．これを**オクテット則**（octet rule）という．また，s^2p^6 の電子配置を**オクテット**または**閉殻**（closed shell）という（ただしHeは s^2 で閉殻）．

貴ガスが安定で，他の原子と反応しにくく化合物を作りにくいのは，この電子配置をとっているからである．

1 安定な状態の電子配置＝オクテット＝閉殻

図1.25でイメージすると，最外殻テーブルの8つの席に，スピンの異なる2個の電子（電子対：電子くんと電子ちゃんのペア）がちょうど4組座り，席がすべてうまっている．この状態（オクテット）が原子ではたいへん安定である．貴ガス原子（Ne, Ar, Kr, Xe, Rn）では，いずれも最外殻電子がこの配置になっている．

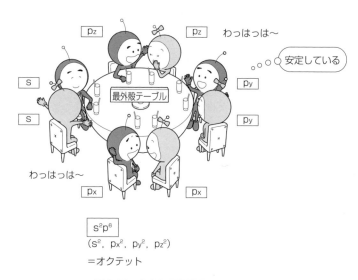

図1.25 安定な電子配置＝オクテット

2 安定でない電子配置

図 1.26 のように，最外殻テーブルの 8 つの席に空きがある状態は，安定ではない．

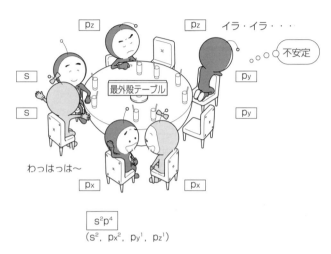

s^2p^4
(s^2, $p_x{}^2$, $p_y{}^1$, $p_z{}^1$)

図 1.26　安定でない電子配置

Column　18 電子則―オクテット則の拡張―

オクテット則は最外殻に 1 つの s 軌道と 3 つの p 軌道を持つ典型元素（1-5 節参照）では成立するが，d 軌道を持つ遷移元素（1-5 節参照）ではうまく説明できない．そこでオクテット則を拡張して，5 つの d 軌道とさらに外殻の 1 つの s 軌道と 3 つの p 軌道を合わせて考え，この 9 つの軌道に 18 個の電子が入ったときに貴ガスと同じ電子配置になり，最も安定な構造になるという規則を適用する．これを 18 電子則（eighteen electron rule）という．

このときの電子 18 個の配置は，d^{10}，s^2，p^6 の形になる．

18 電子則はおもに遷移金属錯体[*9]の安定性を理解するときに有用で，金属の d 軌道の電子数と配位子から与えられる電子数の合計が 18 のとき，その錯体は安定化する．

[*9]　錯体：主に金属原子を中心にして他の原子・イオンなどの原子団が配位結合（3-1 節参照）している化合物をいう．

1-5 元素の周期律

元素を原子番号の順に並べていくと，性質のよく似た元素が周期的に現れる．

①元素の周期律が現れるのは，原子番号の増加に合わせて，原子の価電子の数が周期的に変化することと関係が深い．

1 元素の周期律

 宇宙中のすべての物質が，この1枚の元素の周期表の中のたかだか100数種類の元素からできている．宇宙をイメージしながら，周期表を学ぼう！

元素を原子番号の順に並べていくと，単体の融点や沸点，原子やイオンの半径，イオン化エネルギーなど性質のよく似た元素が周期的に現れる．これを**元素の周期律**（periodic law）という．

元素は天然には約90種類存在し，人工的に作られた元素も含めて現在約110種類ほどが知られている．これらを原子番号の順に並べ，性質のよく似た元素が縦にそろうように並べた表を**元素の周期表**（periodic table of the elements）という（図 **1.27**）．

図1.27 元素の周期表

2　周期と族

　周期表の横の行を**周期**（period），縦の列を**族**（group）といい，周期は第1周期～第7周期，族は1族～18族まである．

　同じ**周期**の元素では，最外殻の電子殻（K殻，L殻，M殻……）が同じである．第1周期の元素の最外殻はK殻，第2周期ではL殻，第3周期ではM殻……となる．

　同じ**族**の元素を**同族元素**という．また，1族，2族，12族～18族を**典型元素**と呼び，3族～11族を**遷移元素**と呼ぶ[*10]（**図1.28**）．

3　典型元素と遷移元素

　典型元素では，原子番号の増加によって最外殻電子となるs,p軌道に電子がうまっていくため，同族元素の価電子（または最外殻電子）の数は等しい（**表1.9**）．そのため，同族元素どうしは化学的性質が似ている．

表1.9　典型元素と価電子数

典型元素の族	1	2	12	13	14	15	16	17	18
価電子数 （最外殻電子数）	1 (1)	2 (2)	2 (2)	3 (3)	4 (4)	5 (5)	6 (6)	7 (7)	0 (8)

　遷移元素では，最外殻電子にならない内側のd,f軌道に電子がうまっていくため，原子番号が増加しても最外殻電子の数が変化しない．そのため，族にかかわらず価電子（または最外殻電子）の数は1個または2個で（**図1.28**），周期表で

族	1	2	3	4	5	6	7	8	9	10	11	12	13	14	15	16	17	18
原子番号	19	20	21	22	23	24	25	26	27	28	29	30	31	32	33	34	35	36
元素記号	K	Ca	Sc	Ti	V	Cr	Mn	Fe	Co	Ni	Cu	Zn	Ga	Ge	As	Se	Br	Kr
電子殻 K	2	2	2	2	2	2	2	2	2	2	2	2	2	2	2	2	2	2
電子殻 L	8	8	8	8	8	8	8	8	8	8	8	8	8	8	8	8	8	8
電子殻 M	8	8	9	10	11	13	13	14	15	16	18	18	18	18	18	18	18	18
電子殻 N	1	2	2	2	2	1	2	2	2	2	1	2	3	4	5	6	7	0

←典型元素→←　　遷移元素　　→←　　　典型元素　　　→

（価電子の数）

図1.28　第4周期元素の電子配置と価電子数

[*10] 国際的には，12族の亜鉛Znなどを遷移元素に含めることもある．

隣り合う元素どうしの性質が似ている.

> **Column** 113番元素「ニホニウムNh」に正式決定.アジア初となった快挙！
>
> 2016年11月30日，IUPAC（国際純正・応用化学連合）は，113，115，117，118番元素を下表のとおり命名することを発表した.
>
> | 原子番号 | 元素名 | 元素記号 |
> |---|---|---|
> | 113 | ニホニウム（nihonium） | Nh |
> | 115 | モスコビウム（moscovium） | Mc |
> | 117 | テネシン（tennessine） | Ts |
> | 118 | オガネソン（oganesson） | Og |
>
> ニホニウムは，理化学研究所仁科加速器科学研究センター（理研）の森田浩介研究員をチームリーダーとする研究グループが，原子番号30の亜鉛と原子番号83のビスマスの原子核同士を衝突させ融合させることにより合成し，検出・証明に成功した．これにより，新元素の命名権は理研チームに与えられ，その提案通りに元素名が正式決定された．これまでの元素名はすべて欧米諸国によって命名されてきたので，今回がアジア圏初の快挙となった．

4 元素の周期律の例

元素の性質が周期性を示すいろいろな例を整理してみよう！

1 最外殻電子の数と第1イオン化エネルギー

原子から電子1個を取り去って，1価の陽イオン[*11]になるのに必要なエネルギーを**第1イオン化エネルギー**（ionization energy）という（図1.29）．

また，1価の陽イオンからさらに1個の電子を取り去り，2価の陽イオンとするのに必要なエネルギーを第2イオン化エネルギーという．

図1.29 イオン化エネルギーとは

> 第1イオン化エネルギーが大きい＝1価の陽イオンになりにくい
> （例）He, F, Ne, Cl, Ar　など

> 第1イオン化エネルギーが小さい＝1価の陽イオンになりやすい
> （例）Li, Na, K　など（陽性が強い）

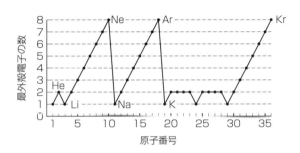

図 1.30　最外殻電子数

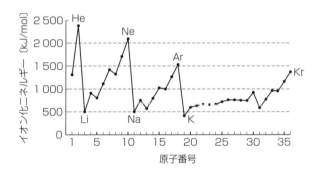

図 1.31　第1イオン化エネルギー

図 **1.30**，図 **1.31** に示すように，原子の最外殻電子の数と第1イオン化エネルギーとは同じような周期的変化を示す．

2　電子親和力

原子が電子1個を受け取って，1価の陰イオンになった時に放出するエネルギーを電子親和力（electron affinity）という（図 **1.32**）．

図 **1.33** に示すように，電子親和力も周期的変化を示す．

---

*11 陽イオン：原子は，－（マイナス）の電荷を持った電子を失うと，＋（プラス）の電荷を持った陽イオンになる．

1章 物質の構成

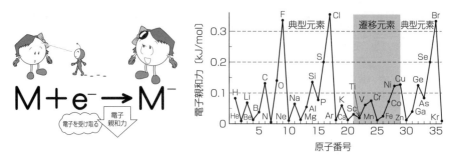

図 1.32 電子親和力とは   図 1.33 電子親和力

> **電子親和力が大きい**
>   =陰イオンになったときの安定性が大=1価の陰イオンになりやすい
>   (例) F, Cl, Br など(陰性が強い)

> **電子親和力が小さい**
>   =陰イオンになったときの安定性が小=1価の陰イオンになりにくい
>   (例) He, Li, Be など

●3 原子半径(原子の大きさを半径 nm で示す)

同じ周期の元素では,図 1.34 に示すように原子番号が**大きいほど**(=周期表で右側にいくほど)原子半径は小さくなる.

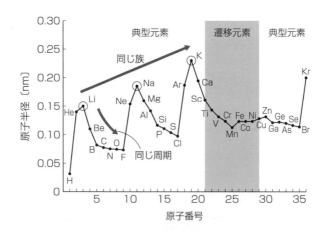

図 1.34 原子半径

その理由は，同じ周期の元素ならば最外殻は同じであるが，陽子の数が増えた分，電子をより強く原子核に引き寄せることになり，原子の大きさとしては小さくなるからである．つまり，原子半径は小さくなる．

同じ族の元素では，原子番号が**大きいほど**（＝周期表で下側にいくほど）原子半径は**大きくなる**．

また，原子は陽イオンになると半径は小さくなり，陰イオンになると半径は大きくなる．ナトリウムと塩素について，原子半径とイオン半径の比較を図 **1.35** に示す．

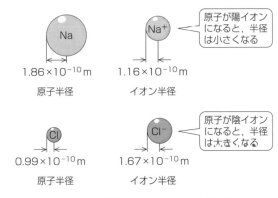

図 1.35 原子半径とイオン半径の比較

Column

メンデレーエフ（Mendeleev，ロシア，1834-1907）は，1869 年，当時知られていた 63 種類の元素を原子量の順に並べると，酸化物や塩化物の組成など性質のよく似た元素が周期的に現れること＝「周期律」を発見した．さらにこれをもとに現在の周期表の原型といえる表をまとめた．この表には空欄があったが，そこに入る元素を予言していた．1886 年にゲルマニウムが発見され，その性質はメンデレーエフの予言したエカケイ素とよく一致していたため，その後世界的な評価を得た．

表 1.10 エカケイ素とゲルマニウムの比較

性質 \ 元素	エカケイ素 （予言）Es	ゲルマニウム Ge
原子量	72	72.64
密度〔g/cm³〕	5.5	5.323
色	灰色	灰色
酸化物	EsO_2	GeO_2
塩化物	$EsCl_4$	$GeCl_4$

1-6 物質の表し方

すべての物質は，元素記号を用いた化学式で表すことができる．どのような表し方があるのか，みてみよう．

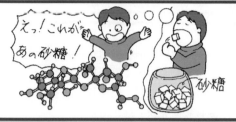

① 化学式には，分子式，構造式，組成式（実験式），イオン式などがあり，それぞれの式の特徴によって使い分けられる．
② ある元素の原子1個が水素原子何個と結合することができるかを表した数を原子価という．原子価は，構造式での価標の数に一致する．

1 化学式

物質を化学式で表す場合，どのような表し方があり，どのような約束があるのだろう？

元素記号を用いて物質の組成や構造を表した式を総称して，**化学式**（chemical formula）という．化学式には，分子式，構造式，示性式，組成式，イオン式，電子式（ルイス（Lewis）構造）などがある（図 1.36）．これらの化学式は，物質の性質や状態，それぞれの式の特徴によって使い分けられる．

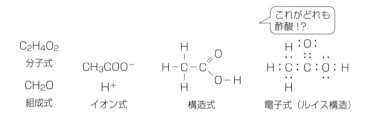

図 1.36　酢酸を表すいろいろな化学式

2 分子式

分子を構成している元素の種類と原子数を示した式を，**分子式**（molecular formula）という．一般に，分子式は，元素記号をアルファベット順に並べ，その右下にその原子の個数を数字で表す（1は省略する）．たとえば，水分子は水素原子（H）2個と酸素原子（O）1個からなるので，H_2O のように表す．

3　構造式と示性式

分子内の原子どうしの結合を表現したいときは，構造式（structual formula または Kekule structure）を用いる．構造式では，分子内の原子間の結合を**価標**（bond）を用いて表す．また，有機化合物を表記するとき，その構造を簡略化して，構造式の中の特定の部分，特に官能基が一見してわかるように示す化学式を**示性式**（rational formula）という．しかし，専門書などでは示性式という用語を用いることは少なく，簡略化された構造式と見なすことが多い（図**1.37**）．

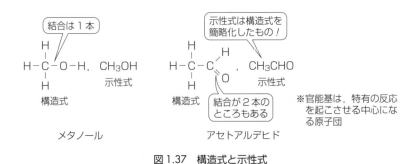

図1.37　構造式と示性式

4　原子価

ある元素の原子1個が水素原子何個と結合することができるかを表した数を**原子価**（valence）という．水素と結合しにくい原子の原子価は，原子価がわかっている他の原子を利用してその原子の原子価を決めることができる．原子価は，元素の価電子（valence electron）の数と密接な関係がある．

水分子（H_2O）は，水素原子2個と酸素原子1個からなるので，酸素原子の原子価は2である．同様に，アンモニア（NH_3）とメタン（CH_4）から，それぞれ

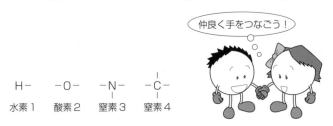

図1.38　原子価の例

窒素原子の原子価は 3，炭素原子の原子価は 4 である（**図 1.38**）．さらに，塩化水素（HCl）から塩素原子の原子価は 1，それを利用して塩化ナトリウム（NaCl）のナトリウム原子の原子価は 1 であることがわかる．また，塩化銅には CuCl と CuCl$_2$ の 2 種類の化合物があり，銅原子の原子価は 1 または 2 となる．このように，1 つの原子が複数の原子価をもつこともある．

5　イオン式

Na$^+$ や Cl$^-$ など，イオンの状態を表す式を**イオン式**（ionic formula）という．イオンの電荷は，電気素量（電子・陽子の電気量）の整数倍になり，この数をイオンの価数という．イオン式は，正の電荷を＋（プラス），負の電荷を－（マイナス）で表し，イオンの価数（1 は省略）をその前につけ，それを元素記号の右上につけて表す．イオンには，水酸化物イオン（OH$^-$），炭酸イオン（CO$_3^{2-}$）や硫酸イオン（SO$_4^{2-}$）など，いくつかの原子が集まってイオンを形成するものもある（**表 1.11**）．

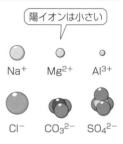

図 1.39　イオンのモデル

表 1.11　イオンの名称とイオン式の例

陽イオン		陰イオン	
イオンの名称	イオン式	イオンの名称	イオン式
水素イオン	H$^+$	塩化物イオン	Cl$^-$
ナトリウムイオン	Na$^+$	水酸化物イオン	OH$^-$
アンモニウムイオン	NH$_4^+$	硝酸イオン	NO$_3^-$
カルシウムイオン	Ca^{2+}	硫酸イオン	SO$_4^{2-}$
銅（II）イオン	Cu^{2+}	炭酸イオン	CO$_3^{2-}$
アルミニウムイオン	Al^{3+}	リン酸イオン	PO$_4^{3-}$

6　組成式

塩化ナトリウムは，NaCl で表されるが，固体（結晶）であっても，水溶液中であっても，ナトリウムイオン Na$^+$ と塩化物イオン Cl$^-$ が同じ数だけあり，NaCl という単独の分子は存在しない．したがって，NaCl という化学式は，塩化ナトリウムを構成する成分元素の種類と割合を表している．このように，物質の組成

（元素と原子数の比）を最も簡単に表した式を**組成式**（compositional formula）という．塩化ナトリウムや塩化マグネシウム（$MgCl_2$）などのイオンからなる塩類や，鉄（Fe）や銅（Cu）などの金属は，組成式で表される．また，有機化学などでは，**元素分析**（elemental analysis）などにより分子中の原子の組成比を求め組成式を確定し，次に分子量を求めて分子式を定めるので，このときの組成式を**実験式**（empirical formula）ともいう（**図 1.41**）．

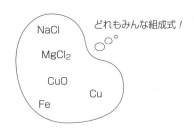

図 1.40　いろいろな組成式

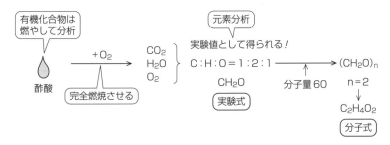

図 1.41　有機化合物における実験式（組成式）と分子式

イオンからなる化合物を組成式で表すには，陽イオンを前に，陰イオンを後に書き，陽イオンの価数の和と陰イオンの価数の和が等しくなるようにし，化合物全体としては，電気的に中性になるようにする．

実験例　組成式の作り方

塩化ナトリウム NaCl のようにイオンの価数の等しい陽イオンと陰イオンからなる化合物では，陽イオンと陰イオンは 1：1 の組成となる．一般に，組成式では，次の式が成り立つ．

（陽イオンの価数）×（陽イオンの数）＝（陰イオンの価数）×（陰イオンの数）

そこで，マグネシウムイオン Mg^{2+} と塩化物イオン Cl^- からなる塩の組成式を考えてみよう．上の式から，マグネシウムイオンと塩化物イオンの価数の比は 2：1 なので，全体として電気的に中性にするには，マグネシウムイオンと塩化物イオンの数の比は価数の逆比 1：2 となればよい．そこで，マ

グネシウムイオン1個を前に，塩化物イオン2個を後に書き，電荷は省略して $MgCl_2$ と表す．

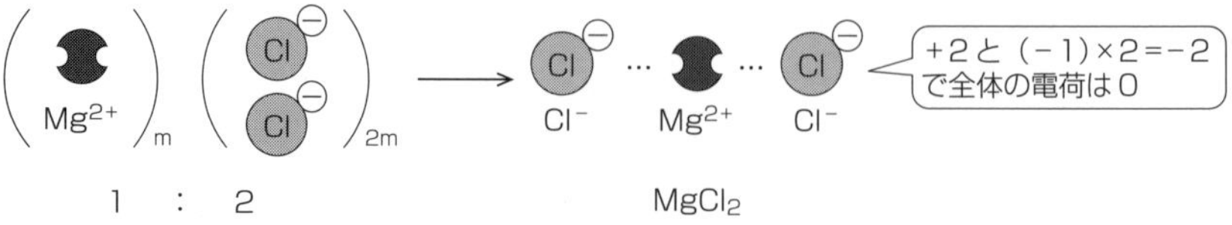

図1.42 組成式（塩化マグネシウム）の例

7　分子構造模型

💡 分子はどんな形をしているのだろう？

原子や分子の形，大きさ，構造などを正確に表現することは難しいが，線や立体，図を用いておよその形や大きさを近似的に表すことはできる．このような表し方を**モデル**（model）あるいは**模型**という．モデルを用いて，分子や結晶などの構造を表すことにより，総括的，視覚的に物質をとらえることができる．本書においても，適切なモデルを用いて物質を表現している．

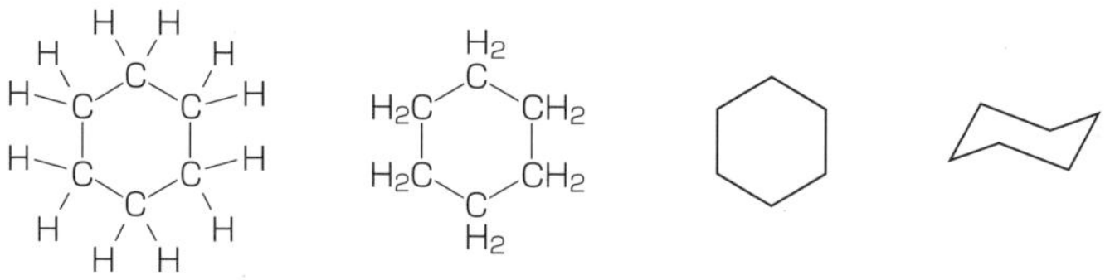

図1.43　シクロヘキサンの構造式

特に，分子をモデルで表したものを，**分子構造模型**（structual model of molecule）あるいは**分子模型**（molecular model）という．分子模型には，主に次の4種の表し方がある．それぞれの模型の特徴をあげ，シクロヘキサン（C_6H_{12}）をそれぞれのモデルで表してみる．

1 ワイヤーモデル (Wire Model)

結合のみで構成されたモデルで (**図1.44**), 複雑な構造の分子から, 構成原子の結合情報や骨格の形状などを特に表したいときに使用する.

2 棒 (チューブ) モデル (Stick Model または Tube Model)

ワイヤーモデルの結合を太くして, さらに結合の節に当たる原子を色分けしたモデルである (**図1.45**). 分子中のすべての原子を正確に表しているので, 分子の構成元素と形状, 両方の情報を得たいときに使用する.

図1.44 ワイヤーモデル

図1.45 棒モデル

3 棒球モデル (Ball and Stick Model)

棒モデルの原子を大きな球で表すことによって, 構成元素の情報をさらに見やすくしたモデルである (**図1.46**). 一般的には, 棒モデルと棒球モデルがよく使用される.

4 空間充填モデル (Space Filling Model)

原子のファンデルワールス半径 (同一の原子がファンデルワールス力で結合しているときの原子間距離の半分で, その原子の大きさを表す指標として用いることが多い) に近い大きさをもつ球体の集まりで表現されるモデルである (**図1.47**). 結合の情報はほとんど得られないが, 原子と原子の重なりの度合いが推察でき, 分子や置換基などの相互作用の強さなどを視覚的に見積もることができる. 4種のモデルの中では, 現実の分子に最も近い形状をしている.

*これらの分子模型は, 非常に複雑な計算によって, 3次元の原子の位置や大きさが決められている.

図1.46 棒球モデル

本当の分子ってこんな形？！

図1.47 空間充填モデル

8 電子式 (ルイス構造)

原子の価電子を・で表した式を**電子式** (ルイス構造) (electron-dot formula,

Lewis structure）（図 **1.48**）．電子式は，元素の化学的性質や原子間の結合を考えるとき，便利な表し方である．また，構造式は，電子式の**共有電子対**（shared electron pair）を価標で表し，原子間の結合の様子をわかりやすく表したものと考えることができる．電子式では，元素記号の上下左右にそれぞれの電子軌道（s，p）の電子を・で表す．

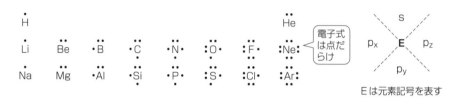

図 1.48 電子式

　次の化合物を電子式と構造式でそれぞれ表せ．
（1）エタン（C_2H_6）　　（2）エタノール（C_2H_5OH）
（3）アセトアルデヒド（CH_3CHO）　　（4）二酸化炭素（CO_2）

答　それぞれの原子の原子価を考え，過不足なく結合するように考える．

(1)
```
    H H              H H
    ··  ··           |  |
(1) H:C:C:H       H-C-C-H
    ··  ··           |  |
    H H              H H
```
共有電子対を価標（－）にすれば，電子式は構造式に変わる．

(2)
```
    H H                H H
    ··  ··  ··         |  |
(2) H:C:C:O:H       H-C-C-O-H
    ··  ··             |  |
    H H                H H
```
＊非共有電子対は，電子式にはあるが，構造式では省略される．

(3)
```
    H H                 H H
    ··  ··  ··          |  |
(3) H:C:C::O         H-C-C=O
    ··  ··              |
    H                   H
```

(4)
```
    ··    ··
(4) O::C::O         O=C=O
    ··    ··
```

章末問題

問題1 次の物質を，単体・化合物・混合物に分類せよ．
(1) ペンキ　(2) 硫黄　(3) 塩酸　(4) 砂　(5) 空気
(6) 水　(7) アルミニウム　(8) ショ糖

問題2 次の組合せのうち，同素体はどれか．
(1) 氷と水蒸気　(2) 水素と重水素　(3) 赤リンと黄リン
(4) 水と過酸化水素

問題3 次の元素の名称を示せ．
(1) B　(2) Si　(3) P　(4) Ar　(5) Br　(6) Fe　(7) Cu

問題4 次の元素の元素記号を示せ．
(1) 金　(2) フッ素　(3) 硫黄　(4) 銀　(5) ヨウ素　(6) 鉛

問題5 次のイオンの名称を示せ．
(1) Li^+　(2) Ca^{2+}　(3) Ba^{2+}　(4) Br^-　(5) OH^-
(6) HCO_3^-

問題6 次のイオンのイオン式を示せ．
(1) マグネシウムイオン　(2) アンモニウムイオン　(3) リン酸イオン
(4) 硝酸イオン　(5) 硫酸イオン　(6) 酸化物イオン

問題7 次の化合物の化学式を示せ．
(1) 硝酸カリウム　(2) 硫酸銅（Ⅱ）　(3) 水酸化亜鉛
(4) 塩化鉄（Ⅲ）　(5) リン酸カルシウム　(6) 硫酸アルミニウム

問題8 原子価に注意して，次の分子式を構造式で表せ．
(1) C_3H_8　(2) C_3H_7Br（2つ）　(3) C_2H_6O（2つ）　(3) C_3H_6（2つ）

1章 物質の構成

問題 9 次の分子の電子構造を示せ．
(1) $CH_2=CH_2$　　(2) AlH_3　　(3) CH_3OH　　(4) $CH_2=CHCl$

問題 10 $^{23}_{11}Na$ について，次の数を求めよ．
(1) 原子番号　　(2) 質量数　　(3) 陽子の数　　(4) 中性子の数
(5) 電子の数

問題 11 次の (1) ～ (5) に適する語句を記入せよ．
　原子番号が同じ原子であり，(1) の数と (2) の数は互いに等しいが，(3) の数が異なる（質量数が異なる）原子どうしを互いに (4) という．(4) どうしは同じ元素であるので，化学的性質はほとんど (5)．

問題 12 右の表は，1～3族，16～18族元素のいくつかをまとめたものである．このとき，次の問に答えよ．

	1	2	3	16	17	18
1	H					He
2	Li	Be	B	O	F	Ne
3	Na	Mg	Al	S	Cl	Ar
4	K	Ca				

(1) 1族，2族はそれぞれどのようなイオンになりやすいか．また，価電子の数はそれぞれいくつか．
(2) 16族，17族はそれぞれどのようなイオンになりやすいか．また，価電子の数はそれぞれいくつか．

問題 13 次のイオンの電子配置はどの元素の電子配置と同じか．元素記号で答えよ．
(1) Mg^{2+}　　(2) S^{2-}　　(3) Br^-　　(4) K^+　　(5) Li^+

第2章
物質の量と変化

　この章では，きわめて小さい原子 1 個の質量を表すために「原子量」という考え方が登場する．また，まとまった物質の量を表すために「質量〔kg〕」だけでなく，「物質量モル〔mol〕」という概念で化学変化を考えていく．

　実際の質量ではない「原子量」と，現実の物質の量を表す「物質量モル」を橋渡しするのが「アボガドロ定数 $6.02×10^{23}$」という数値である．

　これらの概念を道具として使いこなせるようになれば，化学変化の量的関係を理解することは難しくない．

　そして，この山を越えれば，その先の景色に必ず化学の面白さが見えてくるはずである．

2-1 原子量・分子量・式量

原子1個の質量はきわめて小さいので扱いにくい．そのため「原子量」という考え方を用いる．

① 原子量は，炭素原子 ^{12}C 1個の質量を 12 と決め，これを基準としてその他の原子の質量を比で表す考え方である（＝相対質量）．
② 原子量は，実際の質量ではないので g（グラム）のような単位はない．

1 原子の相対質量

原子1個の質量は，10^{-27}〜10^{-24} kg ときわめて小さいため，このままでは扱いにくい．

そのため**炭素原子 ^{12}C 1個の質量を厳密に 12（基準）**[*1] と決め，これをもとに各原子を相対質量で表すことが，国際的に決められている（**図 2.1**）．

表 2.1 に原子1個の質量とその相対質量を示す．**相対質量は基準に対する比の値なので単位はない．**

^{12}C 1個の質量を 12（単位なし）と決める．

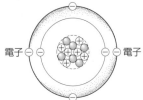

図 2.1 基準となる ^{12}C 原子

表 2.1 原子の質量と相対質量

原子	原子1個の質量〔kg〕	相対質量 ※単位なし
^{1}H	1.6736×10^{-27}	1.0078
^{6}Li	9.9886×10^{-27}	6.0151
^{12}C	19.927×10^{-27}	**12（基準）**
^{14}N	23.253×10^{-27}	14.003
^{16}O	26.561×10^{-27}	15.995
^{24}Mg	39.829×10^{-27}	23.985

例題 ^{12}C と ^{1}H の原子1個の質量を用いて，^{1}H の相対質量を計算で求めよ．

---

*1 新しい国際単位系（SI）の施行後も，原子量の値は今まで通りで変更はない．

答

$$^1\text{H の相対質量} = \frac{^1\text{H 1 個の質量〔kg〕}}{^{12}\text{C 1 個の質量〔kg〕}} \times 12$$

$$= \frac{1.6736 \times 10^{-27}}{19.927 \times 10^{-27}} \times 12$$

$$= \boxed{1.0078}$$

2 原子量

 原子量は実際の質量ではないが，化学反応において質量の変化を考えるとき，とても便利な考え方である．原子量の定義と取扱いをマスターしよう！

自然界に存在する元素の多くは，相対質量の異なるいくつかの同位体が一定の比率で混じっている．そのため元素の相対質量は同位体の存在する割合（存在比）を考慮し，平均した値となる．この存在比を考慮した相対質量を**原子量**（atomic weight）という．

※**原子量は相対質量の平均なので，単位はない．**

たとえば，塩素原子 Cl には，^{35}Cl と ^{37}Cl の 2 つの安定同位体が存在する（図 **2.2**）．それぞれの相対質量に存在比を乗じることで，次の例題のように塩素原子 Cl の原子量を求めることができる．

○ は ^{35}Cl ⇨ 7 577 個（75.77%）
● は ^{37}Cl ⇨ 2 423 個（24.23%）

相対質量の異なる 2 つの同位体が存在するため，その存在比で Cl の原子量を求める

図 2.2 自然界に存在する Cl 原子を 10 000 個並べてみると…

表 2.2 塩素原子の同位体

元素	同位体	相対質量 ^{12}C = 12	存在比〔%〕
塩素	^{35}Cl	34.969	75.77
	^{37}Cl	36.966	24.23

例題 表 2.2 に示す塩素原子の同位体の相対質量と存在比のデータをもとに,塩素の原子量を求めよ.

答 塩素の原子量 = ^{35}Clの相対質量 × 存在比 + ^{37}Clの相対質量 × 存在比

$= 34.969 \times \dfrac{75.77}{100} + 36.966 \times \dfrac{24.23}{100}$

$= \boxed{35.45}\,2\cdots$

3 分子量

原子量と同じ基準（$^{12}C = 12$）で分子の相対質量を表した値を**分子量**（molecular weight）という.分子量は,分子を構成するすべての原子の原子量の総和で求められる（**表 2.3**）.分子量も相対質量なので単位はない.

表 2.3 原子量と分子量

原子番号	元素名	元素記号	原子量	分子名	分子式	分子量	
1	水素	H	1.0	水素	H_2	$1.0 \times 2 =$	2.0
6	炭素	C	12.0	酸素	O_2	$16.0 \times 2 =$	32.0
7	窒素	N	14.0	水	H_2O	$1.0 \times 2 + 16.0 \times 1 =$	18.0
8	酸素	O	16.0	二酸化炭素	CO_2	$12.0 \times 1 + 16.0 \times 2 =$	44.0
11	ナトリウム	Na	23.0	メタン	CH_4	$12.0 \times 1 + 1.0 \times 4 =$	16.0
13	アルミニウム	Al	27.0	アンモニア	NH_3	$14.0 \times 1 + 1.0 \times 3 =$	17.0
16	硫黄	S	32.1	塩化水素	HCl	$1.0 \times 1 + 35.5 \times 1 =$	36.5
17	塩素	Cl	35.5	塩素	Cl_2	$35.5 \times 2 =$	71.0
20	カルシウム	Ca	40.1	ベンゼン	C_6H_6	$12.0 \times 6 + 1.0 \times 6 =$	78.0
26	鉄	Fe	55.8	ブドウ糖	$C_6H_{12}O_6$	$12.0 \times 6 + 1.0 \times 12 + 16.0 \times 6 =$	180.0
29	銅	Cu	63.5				

※ 本書では原子量は,計算上特に必要なければ小数第1位までの概数を用いる

4 式　量

Na^+のようなイオン[*2]，NaClのようなイオン結合性の物質，Cuのような金属[*3]では，分子が存在しないので分子量の代わりに**式量**（formula weight）を用いる．式量は，組成式を構成するすべての原子の原子量の総和で求められる（**表2.4**）．式量も相対質量なので単位はない．

表2.4　式　量

イオン名・物質名	イオン式・組成式	式　量
水素イオン	H^+	$1.0 \times 1 =$ 1.0
ナトリウムイオン	Na^+	$23.0 \times 1 =$ 23.0
塩化物イオン	Cl^-	$35.5 \times 1 =$ 35.5
硫酸イオン	SO_4^{2-}	$32.1 \times 1 + 16.0 \times 4 =$ 96.1
塩化ナトリウム	$NaCl$	$23.0 \times 1 + 35.5 \times 1 =$ 58.5
水酸化カルシウム	$Ca(OH)_2$	$40.1 \times 1 + (16.0 \times 1 + 1.0 \times 1) \times 2 =$ 74.1
硫酸アルミニウム	$Al_2(SO_4)_3$	$27.0 \times 2 + (96.1) \times 3 =$ 342.3
アルミニウム	Al	$27.0 \times 1 =$ 27.0
鉄	Fe	$55.8 \times 1 =$ 55.8
銅	Cu	$63.5 \times 1 =$ 63.5

[*2] イオンでは，電子のやり取りによる質量の変化は無視してよい．これは電子の質量が原子の質量に比べて非常に小さいからである．

[*3] 金属（Al, Fe, Cuなど）は，1種類の元素で構成される単体で分子はない．金属では元素記号＝組成式となる．つまり，原子量＝式量である．

2-2 物質量 モル mol

私たちが実際に扱う物質に含まれる原子や分子の数はきわめて大きな数になり扱いにくい．そのため「物質量 モル」という考え方を用いる．

① 物質量は，粒子の数を表す量である．
② 1 mol とは，アボガドロ定数（6.02×10^{23}）個の粒子の集まりである．

1 アボガドロ定数

> 原子や分子はその 1 個がとても軽い．アボガドロ数という莫大な個数を集めてようやく扱いやすい質量になることを理解しよう！

　質量数 12 の炭素原子 $^{12}\mathrm{C}$ をちょうど 12 g 集めて，その中に何個の炭素原子が含まれるのかを数えてみると，約 6.02×10^{23} 個になる．この約 6.02×10^{23} 個という数をアボガドロ数という．不確定さのない定義値としての 6.02214076（/mol）と単位をつけた数値を特に**アボガドロ定数**（Avogadro constant）と呼び，N_A で表す．

$$N_\mathrm{A} = 6.02 \times 10^{23} \text{（/mol）}（※さらに詳しくは 6.02214076 \times 10^{23}）$$

注：国際単位系（SI）の改定によってアボガドロ定数の定義は，「炭素原子 $^{12}\mathrm{C}$ の 12 g」を用いない新たな定義で決めることになった．ix ページコラム参照．

例題　表 2.1 に示したデータをもとに，$^{12}\mathrm{C}$ 原子 12 g の中に $^{12}\mathrm{C}$ 原子が何個含まれるかを計算で求めよ．

答

$$\boxed{19.927 \times 10^{-27} \text{ kg}}$$

$^{12}\mathrm{C}$ 原子 1 個の質量は 19.927×10^{-24} g なので，

$^{12}\mathrm{C}$ 原子 12 g の中に含まれる $^{12}\mathrm{C}$ 原子の数は，

$$= \frac{12 \text{ g}}{19.927 \times 10^{-24} \text{ g/個}} = 6.021 \times 10^{23} \text{ 個}$$

2 物質量 モル

> 💡 化学反応を扱うときは，体積〔L〕，質量〔g〕よりも，粒子の数を表す単位＝物質量〔mol〕を用いると都合がよく便利であることを実感しよう！

物質の量は，体積，質量などで表すことができるが，化学反応においては原子や分子の**粒子数**の変化を考えた方が都合がよい．

そこで，粒子数を表す量として，**図 2.3** に示すように，**物質量**（amount of substance，単位はモル〔mol〕）を用いる．

物質量は，アボガドロ定数〔個〕の粒子をひとまとめとして扱う物理量で

アボガドロ定数〔個〕の粒子の集まり＝ 1 mol と決める（図 2.4）．

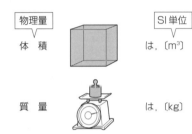

図 2.3 物理量と SI 単位

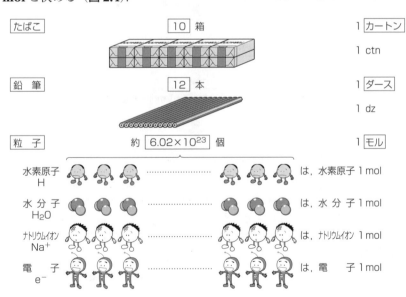

図 2.4 1 mol とは何を表すのか

粒子であれば，原子，分子，イオン，原子団なども同様に扱う．

3　1 mol の質量

国際単位系（SI）の改定によって，1 mol の定義（新たに変更）と原子量の定義（今まで通り）が切り離されることになり，以下の説明は厳密には正しくなくなった．しかし，化学を学ぶ上で，以下の様に理解して差し仕えない．ix ページコラム参照．

物質 1 mol の質量は，原子量・分子量・式量にグラム〔g〕の単位をつけた数値になる．

　　　原子 1 mol の質量＝原子量〔g〕
　　　分子 1 mol の質量＝分子量〔g〕
　　　イオン 1 mol の質量＝イオンの式量〔g〕

水素原子 1 mol の質量が何 g になるかを解説すると，以下のようになる．

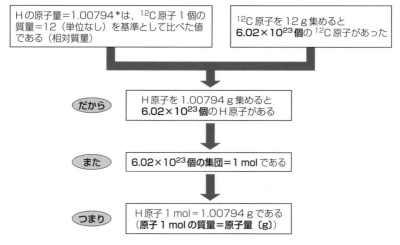

＊通常は H の原子量＝1.0 の概数を用いる

次の物質 1 mol はそれぞれ何 g になるか求めよ．
(1) ヘリウム原子 He　　　　(2) 水分子 H_2O
(3) アンモニア分子 NH_3　　(4) アルミニウム Al
(5) ナトリウムイオン Na^+　(6) 硫酸イオン SO_4^{2-}
(7) 塩化ナトリウム NaCl　　(8) 硫酸アルミニウム $Al_2(SO_4)_3$

答

(1) He 原子量 = 4.0　　[答：4.0 g]　　(2) H₂O 分子量 = 18.0　　[答：18.0 g]
(3) NH₃ 分子量 = 17.0　　[答：17.0 g]　　(4) Al 原子量 = 27.0　　[答：27.0 g]
(5) Na⁺ 式量 = 23.0　　[答：23.0 g]　　(6) SO₄²⁻ 式量 = 96.1　　[答：96.1 g]
(7) NaCl 式量 = 58.5　　[答：58.5 g]
(8) Al₂(SO₄)₃ 式量 = 342.3　[答：342.3 g]

＊ (5)，(6) のようなイオンでは，厳密には電子の質量の増減がある．しかし，電子の質量は非常に小さい値なので通常の計算では無視してよい．

4　気体 1 mol の体積

アボガドロの法則より，気体 1 mol（= **6.02×10²³ 個の分子**）の体積は，同温・同圧のもとで，気体の種類に関係なく同じである．

また，気体 1 mol の体積は，**標準状態**（温度 0℃，圧力 101.3 kPa）のもとでは，**22.4 L** である．

実験例　アボガドロの法則

アボガドロ（Avogadro，イタリア，1776-1856）は，ドルトン（Dalton，イギリス，1766-1844）の原子説では説明できなかった気体反応の法則を説明するために，「**気体はいくつかの原子が結びついた分子という基本粒子からできている．**」という考えを発表した（アボガドロの分子説，図 2.5）．

さらに，気体では「**同温・同圧のもとでは，同体積の気体は，気体の種類に関係なく同数の分子を含む．**」が成り立つとした．これを**アボガドロの法則**（Avogadro's law）という．

同体積には同数の分子を含む

ヘリウム He

水素 H₂

二酸化炭素 CO₂

メタン CH₄

図 2.5　アボガドロの分子説

表2.5 はいくつかの気体について，気体 1 mol の表す量をまとめたものである．気体の種類が変わっても，気体 1 mol の粒子数（約 6.02×10^{23} 個）と体積（22.4 L）は同じであるが，質量（分子量）〔g〕は異なることがわかる．

図2.6 は物質量が粒子数，質量，気体の体積（標準状態）とそれぞれ換算可能な関係にあることを示している．

つまり，物質の量を表すこれら4つの要素（物質量〔mol〕，粒子数〔個〕，質量〔g〕，標準状態の気体の体積〔L〕）のうち，どれか1つがわかれば，残りの3つを求めることができる．

表2.5 気体 1 mol の表す量

気体を表す量 \ 気体分子	ヘリウム He (分子量 4.0)	水素 H_2 (分子量 2.0)	二酸化炭素 CO_2 (分子量 44.0)	メタン CH_4 (分子量 16.0)
物質量	1 mol	1 mol	1 mol	1 mol
粒子数	が約 6.02×10^{23} 個	が約 6.02×10^{23} 個	が約 6.02×10^{23} 個	が約 6.02×10^{23} 個
質量	4.0 g	2.0 g	44.0 g	16.0 g
体積（標準状態）	22.4 L	22.4 L	22.4 L	22.4 L

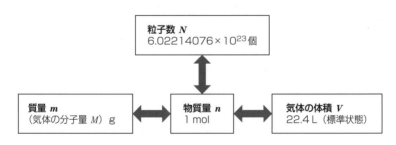

図2.6 物質量と粒子数，質量，気体の体積の関係

Column　砂糖5gを海にこぼしたら…

今あなたは日本のどこかの浜辺でコーヒーを飲もうとしています．

ところが，カップに入れようとしたスティックシュガー1本（5g）をうっかり海にこぼしてしまいました．

ここで十分な時間が経ち，あなたがこぼした砂糖が全世界の海水に均等に混ざり合ったとします．

さて，ハワイの浜辺でコップ1杯の海水（180 mL）を汲んだとき，あなたがこぼした砂糖の分子はコップの中に何個含まれるでしょうか？
（ただし，スティックシュガー1本の砂糖5gは，すべてショ糖で分子量＝342とし，海水の総体積は 1.37×10^{24} mL で変動しないものとする．）

図2.7　砂糖5gに含まれる分子の数は？

<考え方>

ハワイで汲んだコップ一杯の海水に含まれるショ糖分子数〔個〕

＝ショ糖5g中のショ糖分子数×（コップ一杯の体積／全世界の海水の総体積）

＝5 g/342×(6.02×10^{23})個×{180 mL/(1.37×10^{24})mL}

＝1.16 個

つまり，世界中のどこでもコップ一杯の海水を汲むと，あなたがこぼしたショ糖が必ず1個は含まれることになります．

わずか5gのスティックシュガーの中に，どれほど多くの分子が含まれていたかイメージできましたか？

2-3 濃度

化学反応を理解するときは，物質量をもとにしたモル濃度で考えるのが便利．

① 質量パーセント濃度〔%〕＝溶質の質量〔g〕/ 溶液の質量〔g〕×100
② モル濃度〔mol/L〕＝溶質の物質量〔mol〕/ 溶液の体積〔L〕

1 溶液

物質を水などに溶かしたものを溶液（solution）という．このとき溶けている物質を**溶質**（solute），溶かしている液体を**溶媒**（solvent）という（**図 2.8**）．

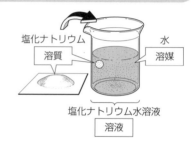

図 2.8 溶液・溶質・溶媒

2 質量パーセント濃度

溶液の質量に対する溶質の質量の割合を百分率で示し，記号%（パーセント）で表した**質量分率**である．

$$\text{質量パーセント濃度}〔\%〕 = \frac{\text{溶質の質量}〔g〕}{\text{溶液の質量}〔g〕} \times 100$$

慣用的に**質量パーセント濃度**を，重量%濃度や wt%（ウエイトパーセント）と表すこともある．この他に濃度を表す尺度として，「溶液の体積に対する溶質の体積の割合」を示す**体積分率**である体積%や vol%を用いることもある．

質量分率，体積分率の値が小さい場合には，百分率%（パーセント）のかわりに百万分率 ppm（parts per million：ピーピーエム），十億分率 ppb（parts per billion：ピーピービー）で表す．一般に，ppm，ppb は気体の場合は**体積分率**（volppm, volppb），その他の場合は**質量分率**（wtppm, wtppb）を意味することが多い．

$$\text{ppm} = \frac{溶質の質量〔g〕}{溶液の質量〔g〕} \times 10^6 \qquad [1\% = 10\,000\,\text{ppm}]$$

$$\text{ppb} = \frac{溶質の質量〔g〕}{溶液の質量〔g〕} \times 10^9 \qquad [1\,\text{ppm} = 1\,000\,\text{ppb}]$$

「%」,「ppm」,「ppb」は,いずれも割合を示す記号であり,単位ではない(無次元量).

有効数字3桁で答えよ.
(1) 水100 gに塩化ナトリウム2.00 gを溶かしたとき,塩化ナトリウムの質量パーセント濃度を求めよ.
(2) 缶ビール1缶(350 g)に含まれるアルコール(エタノール)の質量パーセント濃度が5.50%であるとき,含まれるエタノールの質量は何 gか.

答
(1) $2.00\,\text{g}/(100\,\text{g}+2.00\,\text{g}) \times 100 = 1.960$ 〔答:1.96%〕
(2) 溶質の質量〔g〕= 溶液の質量〔g〕× 質量パーセント濃度〔%〕/100
この式に代入して
  エタノールの質量〔g〕= 350 g × 5.50/100
           = 19.25 〔答:19.3 g〕

3 モル濃度

「mol」を用いて化学反応を定量的に理解する方法に慣れよう!

溶液1 Lに溶けている溶質の物質量molで表した濃度を**モル濃度**(molar concentration)といい,単位mol/L(モル・パー・リットル)で表す.

$$モル濃度〔\text{mol/L}〕 = \frac{溶質の物質量〔\text{mol}〕}{溶液の体積〔\text{L}〕}$$

※モル濃度の単位には,mol L^{-1}やmol dm^{-3}なども用いられる.

※慣用的に，物質量をモル数と呼ぶことがあるが，国際単位系（SI）の用語として認められていない．

原子量は Na＝23.0，Cl＝35.5 を用い，有効数字3桁で答えよ．
(1) 水に塩化ナトリウム NaCl 11.7 g を溶かして，500 mL とした．モル濃度を求めよ．
(2) モル濃度 0.800 mol/L の塩化ナトリウム NaCl 水溶液 100 mL 中に含まれる塩化ナトリウムは何 g か求めよ．

答

(1) NaClの式量＝23.0＋35.5＝58.5，物質量〔mol〕＝$\dfrac{質量〔g〕}{式量}$ より

$$モル濃度 = \dfrac{\left(\dfrac{11.7\ \mathrm{g}}{58.5}\right)}{\left(\dfrac{500\ \mathrm{mL}}{1\,000\ \mathrm{mL}}\right)} = \dfrac{0.2\ \mathrm{mol}}{0.5\ \mathrm{L}} = 0.400\ \mathrm{mol/L}$$

(2) 溶質の物質量〔mol〕＝モル濃度〔mol/L〕×体積〔L〕

$$= 0.800\ \mathrm{mol/L} \times \left(\dfrac{100}{1\,000}\right)\ \mathrm{L}$$

$$= 0.0800\ \mathrm{mol}$$

よって 0.0800 mol × 58.5 ＝ 4.68 g

4　濃度の換算

溶液の密度〔g/cm³〕や溶質の式量が示されていれば，質量パーセント濃度とモル濃度は計算によって換算することができる（**図2.9**）．

図2.9　質量パーセント濃度とモル濃度

例題 有効数字3桁で答えよ．
質量パーセント濃度が13.0%の硝酸ナトリウム NaNO₃（式量85）水溶液の密度が1.05 g/cm³ であった．この溶液のモル濃度を求めよ．

答　まず，NaNO₃ 水溶液を1Lとして，その質量を求める．
　1 L = 1 000 cm³，質量 = 体積×密度より
　　NaNO₃ 水溶液1 Lの質量 = 1 000 cm³ × 1.05 g/cm³ = 1 050 g
　よって，水溶液1 Lに溶けている NaNO₃ の質量は
　　1 050 g × 13.0% / 100 = 136.5 g
　これを物質量 mol に直すと，物質量 = 質量g／式量 だから
　　136.5 g/85 = 1.606 mol……①
　①は，体積1 L 中の物質量なので
　　モル濃度 = 1.606 mol/L　　〔答：1.61 mol/L〕

5　質量モル濃度

溶媒1 kg に溶かした溶質の物質量 mol で表した濃度を**質量モル濃度**（molality）といい，単位 mol/kg（モル・パー・キログラム）で表す．

$$\text{質量モル濃度〔mol/kg〕} = \frac{\text{溶質の物質量〔mol〕}}{\text{溶媒の体積〔kg〕}}$$

質量モル濃度は希薄溶液の性質である沸点上昇[*4]や凝固点降下[*5]を考えるときに用いる濃度の表し方である．
※体積を用いないので，温度・圧力・混合による体積変化が関係しない．

[*4] 不揮発性の溶質が溶けている溶液では，その沸点が溶媒の沸点よりも高くなること．
[*5] 不揮発性の溶質が溶けている溶液では，その凝固点が溶媒の凝固点よりも低くなること．海水の沸点は純水の沸点100℃より高くなり，海水の凝固点は純水の凝固点0℃より低くなる．詳しくは，4-6節参照．

2-4 化学変化の表し方

化学変化は，化学反応式に表すことで全体の姿が見えてくる．

① 化学式とは，元素記号を使って表した物質の名称．
② 化学反応式とは，化学式と矢印 ⟶ を使って化学変化を表した式．

1　化学式と化学反応式

化学変化を，化学式を用いて，化学反応式として表すことをマスターしよう！

1　化学式

元素記号を使って表した**分子式**，**組成式**，**イオン式**，**構造式**などをまとめて化学式（chemical formula）という．

化学式は，「式」というよりも，むしろ物質の「名称」である．

○化学式は，物質自体を表す．

表 2.6　化学式の例

化学式	例
分子式	H_2, CO_2, NH_3
組成式	$NaCl$, $CaCO_3$, Fe
イオン式	Na^+, Cl^-, SO_4^{2-}
構造式	$O=C=O$　　$H-\underset{\underset{H}{\vert}}{\overset{\overset{H}{\vert}}{C}}-H$

2　化学反応式

化学式を使って，反応前（反応物）と反応後（生成物）の化学変化を表した式を**化学反応式**（reaction formula）という．

○化学反応式は，物質の変化を表す．

$$\underbrace{\underbrace{2H_2 + O_2}_{反応物} \longrightarrow \underbrace{2H_2O}_{生成物}}_{化学反応式}$$

2　化学反応式の作り方

【手順】

① （左辺）→（右辺）の形を作る．

　（左辺）は，反応物の化学式．（右辺）は，生成物の化学式．
　反応物や生成物が2種類以上あれば，化学式を＋でつなぐ．

② （左辺）と（右辺）で，同じ種類の原子の総数が等しくなるように，化学式

の前に係数をつける.

　左辺（反応前）と右辺（反応後）を比べたとき，原子は増えたり消滅したりしない．そのため化学反応式として，原子数に矛盾が生じないように**係数**をつけて調整する．係数は最も簡単な整数比になるようにし，係数が1のときは書かない．

次の化学変化を化学反応式で表せ．
(1) 窒素 N_2 と水素 H_2 が反応して，アンモニア NH_3 が生成した．
(2) メタン CH_4 が燃焼して，二酸化炭素 CO_2 と水 H_2O が生成した（燃焼とは，O_2 と反応すること）．
(3) 酸化銀 Ag_2O が分解して，銀 Ag と酸素 O_2 が生成した．
(4) エタノール C_2H_5OH が燃焼して，二酸化炭素 CO_2 と水 H_2O が生成した．

答　　反応物・生成物の化学式は，特に指示がなければ常温（20℃）常圧（101.3 kPa＝1 atm）の状態を用いる．

(1) まず，言葉を化学式に直す．

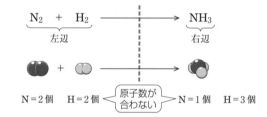

次に，左辺と右辺の原子数が合うように，係数をつける．

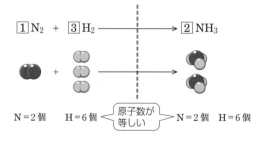

［答：$N_2 + 3H_2 \longrightarrow 2NH_3$］

(2)

$$\underbrace{CH_4 + O_2}_{\text{左辺}} \longrightarrow \underbrace{CO_2 + H_2O}_{\text{右辺}}$$

C＝1個　H＝4個　O＝2個 〈原子数が合わない〉 C＝1個　H＝2個　O＝3個

左辺と右辺の原子数が合うように，係数をつける

$$\boxed{1}CH_4 + \boxed{2}O_2 \longrightarrow \boxed{1}CO_2 + \boxed{2}H_2O$$

C＝1個　H＝4個　O＝4個 〈原子数が等しい〉 C＝1個　H＝4個　O＝4個

［答：$CH_4 + 2O_2 \longrightarrow CO_2 + 2H_2O$］

(3)

$$\underbrace{Ag_2O}_{\text{左辺}} \longrightarrow \underbrace{Ag + O_2}_{\text{右辺}}$$

Ag＝2個　O＝1個 〈原子数が合わない〉 Ag＝1個　O＝2個

左辺と右辺の原子数が合うように，係数をつける．

$$\boxed{2}Ag_2O \longrightarrow \boxed{4}Ag + \boxed{1}O_2$$

Ag＝4個　O＝2個 〈原子数が等しい〉 Ag＝4個　O＝2個

［答：$2Ag_2O \longrightarrow 4Ag + O_2$］

(4)　$C_2H_5OH = C_2H_6O$

$$\underbrace{C_2H_6O + O_2}_{\text{左辺}} \longrightarrow \underbrace{CO_2 + H_2O}_{\text{右辺}}$$

C＝2個　H＝6個　O＝3個 〈原子数が合わない〉 C＝1個　H＝2個　O＝3個

左辺と右辺の原子数が合うように，係数をつける．

$$\boxed{1}C_2H_6O + \boxed{3}O_2 \longrightarrow \boxed{2}CO_2 + \boxed{3}H_2O$$

C=2個　H=6個　O=7個　―原子数が等しい―　C=2個　H=6個　O=7個

［答：$C_2H_5OH + 3O_2 \longrightarrow 2CO_2 + 3H_2O$］

3　イオン反応式の作り方

　化学反応式において，特に変化したイオンに着目した反応式を**イオン反応式**という．イオン反応式では，以下の①と②の両方が成り立つように，係数をつけなければならない．

① 左辺と右辺で同じ種類の原子の総数が等しい
② 左辺のもつ電気量と右辺のもつ電気量が等しい

次の化学変化を化学反応式とイオン反応式でそれぞれ表せ．
(1) 硝酸銀 $AgNO_3$ 水溶液に塩化ナトリウム $NaCl$ 水溶液を加えると，塩化銀 $AgCl$ の沈殿が生ずる．
(2) 塩化カルシウム $CaCl_2$ 水溶液に炭酸ナトリウム Na_2CO_3 水溶液を加えると，炭酸カルシウム $CaCO_3$ の沈殿が生ずる．

答
(1) 化学反応式：$AgNO_3 + NaCl \longrightarrow AgCl\downarrow + NaNO_3$
　　イオン反応式：$Ag^+ + Cl^- \longrightarrow AgCl\downarrow$
　＊イオン反応式では，反応に関わらないイオンは省略して表す．
　　($Ag^+ + \underline{NO_3^-} + \underline{Na^+} + Cl^- \longrightarrow AgCl\downarrow + \underline{Na^+} + \underline{NO_3^-}$)
(2) 化学反応式：$CaCl_2 + Na_2CO_3 \longrightarrow CaCO_3\downarrow + 2NaCl$
　　イオン反応式：$Ca^{2+} + CO_3^{2-} \longrightarrow CaCO_3\downarrow$
　　($Ca^{2+} + \underline{2Cl^-} + \underline{2Na^+} + CO_3^{2-} \longrightarrow CaCO_3\downarrow + \underline{2Na^+} + \underline{2Cl^-}$)

2-5 化学変化の量的関係

化学反応式は，化学変化による反応物と生成物の量がどのような関係になるかも表している．

①化学反応式の係数は，反応する物質の物質量の比（反応モル比）を表す．
②質量保存の法則：化学変化の前後で，物質の質量の総和は変わらない．

1　化学反応式が表すもの

 化学反応式から何がわかるのか？　整理してみよう！

化学反応式から以下のことがわかる．
① 反応物と生成物の種類
② 化学反応式の**係数**は，反応物や生成物の粒子数の比＝物質量の比を表す
③ 反応物や生成物に気体がある場合，化学反応式の係数は，同温・同圧の気体の体積の比を表す
④ 化学反応式の係数は，反応物や生成物の質量の比には無関係
⑤ 左辺の質量の総和＝右辺の質量の総和が成り立つ

「化学変化の前後では，物質の質量の総和は変わらない．」という法則が成り立ち，これを**質量保存の法則**という．

2　化学変化の量的関係

 化学変化の量的関係を，メタン 1 mol の燃焼反応を例にとって理解してみよう！

図 2.10 を見てみよう．メタンと酸素が反応して，二酸化炭素と水が生成する反応のモデルから，化学反応式の係数の比は **1：2：1：2** である．これは，反応する分子数の比や物質量の比（モル比）を表すが，反応する質量の比ではない．
ただし，質量保存の法則は成り立つので
　$1×16\,\text{g}+2×32\,\text{g}=1×44\,\text{g}+2×18\,\text{g}=80\,\text{g}$

2-5 化学変化の量的関係

物質名 （分子量）	メタン (16)	酸素 (32)	二酸化炭素 (44)	水 (18)
化学反応式	CH$_4$	+ 2O$_2$	⟶ CO$_2$	+ 2H$_2$O
反応モデル 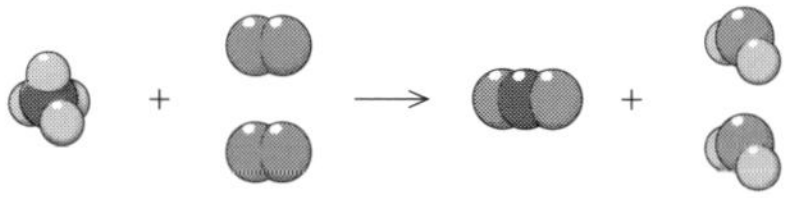	●	+ ●●	⟶ ●●	+ ●●
係数の比	1	: 2	⟶ 1	: 2
分子数	1個	+ 2個	⟶ 1個	+ 2個
物質量	1 mol	+ 2 mol	⟶ 1 mol	+ 2 mol
質量	1×16 g	+ 2×32 g	⟶ 1×44 g	+ 2×18 g
	80 g		80 g	
気体の体積 標準状態（0℃, 101.3 kPa）	(1×22.4)L	+(2×22.4)L	⟶(1×22.4)L	+（液体）

*気体1 molの体積は，標準状態では気体の種類にかかわらず22.4 Lである

図 2.10 メタンの燃焼反応式が表すもの

となり，反応前，反応後の質量は等しい．

また，同温同圧では気体の種類にかかわらず気体 1 mol の体積が等しいことから，気体の体積の比も，化学反応式の係数の比と同じであることがわかる．

原子量 H＝1.0, C＝12.0, O＝16.0, Ca＝40.1, Cl＝35.5, Zn＝65.4 を用い，有効数字 3 桁で答えよ．

(1) メタン CH$_4$ 4.80 g を完全に燃焼させた．このとき次の問に答えよ．
① 反応した酸素 O$_2$ は何 mol か．
② 生成した二酸化炭素 CO$_2$ の体積（標準状態）は何 L か．
③ 生成した水 H$_2$O の質量は何 g か．

(2) 炭酸カルシウム CaCO$_3$ 10.0 g に，反応に十分な量の塩酸 HCl を加えた．このとき次の問に答えよ．
① この反応を化学反応式で表せ．
② このとき生じた塩化カルシウム CaCl$_2$ は何 g か．
③ このとき生じた二酸化炭素 CO$_2$ の体積（標準状態）は何 L か．

(3) 亜鉛 Zn に希硫酸 H_2SO_4 を反応させると亜鉛は溶解し，水素 H_2 が発生する．このとき，次の問に答えよ．
① この反応を化学反応式で表せ．
② 十分な量の希硫酸を加え，亜鉛 5.00 g を完全に反応させたとき，発生する水素の体積は標準状態で何 L か．
③ 水素を 10 L（標準状態）発生させるためには，亜鉛が何 g 必要となるか．

答
(1)

$$\boxed{1}CH_4 + \boxed{2}O_2 \longrightarrow \boxed{1}CO_2 + \boxed{2}H_2O$$

〔分子量〕　　16.0　　　32.0　　　　44.0　　　18.0
〔質　量〕　　4.80 g
〔反応モル比〕 1 mol ： 2 mol ： 1 mol ： 2 mol

① メタン 4.80 g の物質量は 4.80 g/16.0 = 0.300 mol
　　メタンと酸素の反応モル比は，1：2 なので，反応した酸素の物質量 a を求めると
　　メタン：酸素 = 1：2 = 0.300 mol：a〔mol〕
　　より，a = 0.600 mol　　〔答：0.600 mol〕

② メタンと二酸化炭素の反応モル比は，1：1 なので，生成した二酸化炭素の物質量 b を求めると
　　メタン：二酸化炭素 = 1：1 = 0.300 mol：b〔mol〕より，b = 0.300 mol
となり，これを標準状態の体積に直すと，0.300 mol × 22.4 L = 6.72 L
〔答：6.72 L〕

③ メタンと水の反応モル比は，1：2 なので，生成した水の物質量 c を求めると**メタン：水** = 1：2 = 0.300 mol：c〔mol〕より
　　c = 0.600 mol
　　これを質量に直すと，0.600 mol × 18.0 = 10.8 g　　〔答：10.8 g〕

(2)
① $CaCO_3 + 2HCl \longrightarrow CaCl_2 + H_2O + CO_2$

②

	①$CaCO_3$	+	②HCl	⟶	①$CaCl_2$	+	①H_2O	+	①CO_2
〔分子量（式量）〕	100.1		36.5		111.1		18.0		44.0
〔質　量〕	10.0 g								
〔反応モル比〕	1 mol	:	2 mol	:	1 mol	:	1 mol	:	1 mol

炭酸カルシウムの物質量は $10.0\,\text{g}/100.1 = 0.0999\;\overset{100}{} \text{mol}$，炭酸カルシウムと塩化カルシウムの反応モル比は $1:1$ なので，生成した塩化カルシウムの物質量 d を求めると，$CaCO_3 : CaCl_2 = 1:1 = 0.100\,\text{mol} : d\,\text{〔mol〕}$ より

$d = 0.100\,\text{mol}$

となる．これを質量に直すと，$0.100\,\text{mol} \times 111.1 = 11.11\,\text{g}$　〔答：11.1 g〕

③　②と同様に，炭酸カルシウムと二酸化炭素の反応モル比は $1:1$ なので生成した二酸化炭素の物質量 e を求めると

$e = 0.100\,\text{mol}$

となる．これを標準状態の体積に直すと，$0.100\,\text{mol} \times 22.4\,\text{L} = 2.24\,\text{L}$
〔答：2.24 L〕

(3)

①

	Zn	+	H_2SO_4	⟶	H_2	+	$ZnSO_4$
〔反応モル比〕	1 mol	:	1 mol	:	1 mol	:	1 mol

②　亜鉛と水素の反応モル比は，$1:1$ なので

$\dfrac{5.00\,\text{g}}{65.4}\,\text{mol} \times 22.4\,\text{L} = 1.712$　〔答：1.71 L〕

③　必要な亜鉛の質量を f〔g〕とすると，②と同様に

$f = \dfrac{10 \times 65.4}{22.4}$
$= 29.19\;\overset{2}{}$　〔答：29.2 g〕

章末問題

アボガドロ定数 $N_A = 6.02 \times 10^{23}$ とする.

問題 1 次の物質の組成式または分子式を示し,式量や分子量をそれぞれ求めよ.

(1) 二酸化窒素 　(2) 金 　(3) 塩化カルシウム 　(4) 酸化アルミニウム

問題 2 次の値をそれぞれ求めよ.

(1) 電子 e^- 9.03×10^{23} 個の物質量〔mol〕
(2) 鉄原子 Fe 1 個の質量〔g〕
(3) 標準状態の二酸化炭素 CO_2 5.00 mol の体積〔L〕
(4) 窒素分子 N_2 2.8 g 中の窒素分子数〔個〕

問題 3 9.81 g の硫酸 H_2SO_4 を含む希硫酸が 50 mL ある.この希硫酸のモル濃度を求めよ.

問題 4 0.300 mol/L のブドウ糖 $C_6H_{12}O_6$ 水溶液を 200 mL 作るのに必要なブドウ糖は何 g か.

問題 5 標準状態で 5.60 L の体積のアンモニアを水に溶かして,500 mL のアンモニア水を作った.このとき次の問に答えよ.

(1) 溶けたアンモニア NH_3 分子の数は何個か.
(2) このアンモニア水のモル濃度を求めよ.

問題 6 塩酸(塩化水素の水溶液)にアルミニウムを入れると,水素と塩化アルミニウムを生ずる.このとき次の問に答えよ.

(1) この反応を化学反応式で表せ.
(2) 塩酸のモル濃度が 0.200 mol/L であるとき,塩酸 100 mL に含まれる塩化水素 HCl は何 g か.
(3) アルミニウム 1.08 g がすべて反応したときに,発生する水素の体積は標準状態でどれだけか.

第3章
化学結合

元素の種類は，100種あまりしかない．しかし，私たちのまわりには実に多くの物質が存在する．これらの物質の構造や性質を解明し，それらを整理し分類することは大変大切なことである．元素をその原子構造にしたがって分類することで，原子どうしがどのように結合し，物質がどのような性質をもつかを考えることができる．ここでは，物質を原子どうしの結合の仕方から眺めてみよう．

3-1 化学結合の種類

原子は単独でいるよりも安定であれば，原子どうしで結合する．最も安定な電子配置は，最外殻に8個の電子をもっていて，オクテット(octet)と呼ばれる．

① 最外殻に8個の電子をもつ（octet）18族の希ガス元素（Heは2個）は，安定である．
② イオン結合は，陽性元素と陰性元素の間に生じクーロン力で結びついた化学結合を形成する．
③ 共有結合は，非金属元素どうしの間に生じ，電子を出し合ってオクテットを形成する．
④ 金属結合は，すべての金属陽イオンが自由電子を共有することによって生じる．

1 イオン結合

 食塩の結晶の中では，どのように原子どうしが結びついているのだろうか？

1族の**アルカリ金属**（alkali metal）元素は，最外殻（s軌道）に1個の電子をもっている．この1個の価電子を放出することにより，**希ガス**（rare gas）の電子配置になることができるので，アルカリ金属元素は1価の陽イオンになる性質がある．また，これと同じように17族の**ハロゲン**（halogen）元素は，s軌道に2個，p軌道に5個の電子を最外殻にもっているので，1個の電子を受け取って，オクテット（s^2, p^6）をつくる．このようにして，ハロゲン元素は1価の陰イオンになる性質がある（**図3.1**）．多くの典型元素は，最外殻にある電子をやりとりしてオクテットをつくることによって安定化しようとする．

Na ($1s^2$, $2s^2$, $2p^6$, $3s^1$)
　　　　↓$-e^-$
Na$^+$ ($1s^2$, $2s^2$, $2p^6$)……Neの電子配置と同じ

Cl ($1s^2$, $2s^2$, $2p^6$, $3s^2$, $3p^5$)
　　　　↓$+e^-$
Cl$^-$ ($1s^2$, $2s^2$, $2p^6$, $3s^2$, $3p^6$)……Arの電子配置と同じ

オクテットは安定！

図3.1 Na$^+$とCl$^-$の電子配置

電子を放出する傾向のある元素を陽性元素，電子を受け取る傾向のある元素を陰性元素という．最も単純な化学結合は，陽性元素（**金属元素**（metallic element））と陰性元素（**非金属元素**（nonmetallic element））の間でできる．た

とえば，陽性な金属ナトリウムが陰性な塩素ガスと反応すると，ナトリウムが塩素に電子を与えて，Na^+イオンとCl^-イオンが生成する．Na^+イオンとCl^-イオンは，反対電荷の間で静電的な引力（**クーロン力**（Coulomb force））で結びついて，塩化ナトリウム NaCl を生じる（図3.2）．この結合を，**イオン結合**（ionic bond）という．

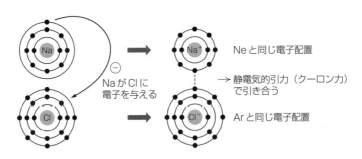

図 3.2 塩化ナトリウム（NaCl）の生成

NaCl には分子は存在せず，ある特定のイオンには，そのまわりにある反対電荷をもつイオンとの間にイオン結合が無数に存在することになる．そこで，塩化ナトリウムの結晶は，$(Na^+)_m (Cl^-)_n$ と表せるが，m：n の組成比は 1：1 なので，簡単に NaCl と表す（図3.3）．このような化学式の表し方を，組成式という．また，塩化ナトリウムの結晶のようにイオン結合によって生じる結晶全体を，**イオン結晶**（ionic crystal）（イオン性固体）という．イオン性固体の化学式は，組成式で表される．金属元素と非金属元素の間に形成される結合は，イオン結合

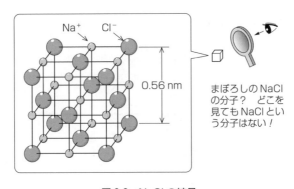

図 3.3 NaCl の結晶

であると考えてよいがこれは100％イオン結合だけで結びついているということではない．多くの原子間の結合は，イオン結合性と後に述べる共有結合性をあわせもつ．イオン結合性が強い原子間の結合は，イオン結合であると考える．

イオン結晶（ionic crystal）は，イオン結合の結合力が強いので，一般的に硬くてもろい．また，融点が高く，高温で融解したものは電気を通す．

いろいろな金属元素の陽イオンと，塩化物イオン（Cl^-）からできる塩の組成式を考えてみよう！

2 共有結合

メタン（CH_4）は，どのように炭素原子と水素原子が結合しているのだろう？

炭素原子などのように，価電子を4個もつ元素はどのように結合をつくるのだろうか．炭素原子がオクテットを作るためには，4個の電子を放出するか，4個の電子を受け取らなくてはならない．しかし，それには非常に大きなエネルギーを要するので，他の原子と電子を共有することによって結合を形成する．たとえば，メタンCH_4のC−H結合について考えてみよう．水素原子の価電子は1個なので，炭素原子1個と4個の水素原子がそれぞれ1個の電子を出し合って，炭素原子はオクテットの電子配置を作り安定化する．このように，電子を共有する

図3.4 メタン分子のイメージ

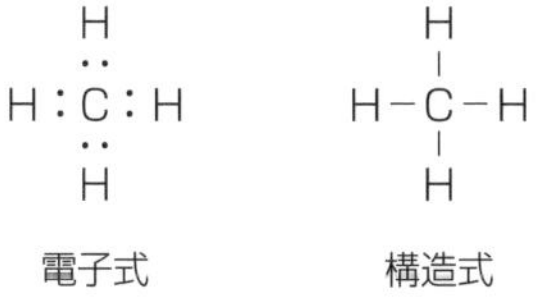

3-1 化学結合の種類

```
      H                H                    孤立電子対（非共有電子対）
      ..               |               H:Ö:H    H:N:H
  H : C : H        H — C — H            ..       ..
      ..               |               共有電子対    H
      H                H
                                       H — O — H   H — N — H
                                                        |
                                                        H
    電子式           構造式

  図 3.5 メタンの構造           図 3.6 水とアンモニアの構造
```

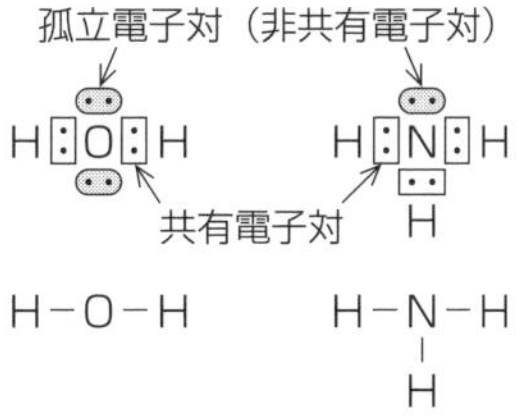

表 3.1 共有結合をもつ化合物の例

物質名	水素	酸素	窒素	アンモニア	水	二酸化炭素
分子式	H_2	O_2	N_2	NH_3	H_2O	CO_2
電子式	H:H	Ö::Ö	N:::N	H:N:H 　　H	H:Ö:H	Ö::C::Ö
構造式	H—H	O=O	N≡N	H—N—H 　　| 　　H	H—O—H	O=C=O

ことによって形成される結合を**共有結合**（covalent bond）という．共有結合により形成される原子の集まり（集団）を分子という．分子中の共有結合を表す簡単な方法は，**電子式**（Lewis structure）や構造式である（**図 3.5**，**3.6**）．

　金属元素と非金属元素が結合して生成する塩類は，イオン結合によるものが多いが，酸素，水素などの単体，および非金属元素どうしの化合物では共有結合が多い．共有結合を有するいくつかの単体と化合物を電子式と構造式を用いて**表 3.1** に示す．ここで，酸素 O_2 はそれぞれ電子 2 個ずつ出し合って共有し，窒素 N_2 は電子 3 個ずつを出し合って共有することにより，原子間にそれぞれ二重結合，三重結合を形成している．

　非常に多数の原子が共有結合で規則正しく配列し，巨大な結晶をつくることがある．このような結晶を**共有結合結晶**（covalent crystal）という．共有結合結晶は，一般的に融点が高く，硬く，また，電気を通さない．炭素の同素体であるダイヤモンドや黒鉛[*1]（グラファイト），ケイ素（Si）や二酸化ケイ素（SiO_2）は，共有結合結晶である．

＊1　黒鉛は炭素原子の 4 個の価電子のうちの 1 個が平面構造の中を動くことができるので，電気を導き，薄くはがれやすい．

3 配位結合

オキソニウムイオン（H_3O^+）は酸素（O）の結合手が３本，アンモニウムイオン（NH_4^+）は窒素の結合手が４本ある．それぞれの原子価よりも１本多いのはなぜだろう？

アンモニア NH_3 は，水素イオンと結合してアンモニウムイオン NH_4^+ を生成する．これは，アンモニアの窒素原子にある結合に関与していない１対の電子，**孤立電子対**（lone pair）あるいは**非共有電子対**（unshared electron pair）が水素イオンとの間に共有結合を形成するからである（図 **3.7**）．このような共有結合を，特に**配位結合**（coordinate bond）という．

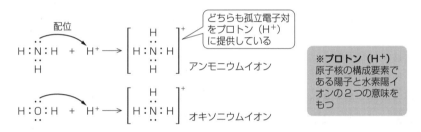

図3.7 アンモニウムイオンとオキソニウムイオンの生成

※**プロトン（H^+）**
原子核の構成要素である陽子と水素陽イオンの２つの意味をもつ

共有結合では，結合する両方の原子から１個ずつの電子が提供されるのに対し，配位結合では，共有される電子が２個とも一方の原子から提供される．以前は，これを→で表すこともあったが，原子間に形成された配位結合は，他の共有結合と等価で区別がつかないため，特別な場合を除き通常の価標（－）で表す（図**3.8**）．

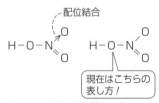

図3.8 硝酸の構造

4 原子価と電子軌道の混成

 不対電子の数を原子価と考えると，炭素の原子価は 2 ではないのだろうか？

　一般に，原子どうしが共有結合を形成する場合，その元素の**不対電子**（unpaired electron）の数（共有電子対を作ることができる電子の数）が，その元素の原子価に等しい．たとえば，水素は不対電子が 1 個あるので原子価は 1，酸素は不対電子が 2 個あるので原子価は 2，窒素は不対電子が 3 個あるので原子価は 3 である（**図 3.9**）．

電子式	H・	:Ö・	・N̈・
不対電子の数	1	2	3
原子価	H− | 1	O− | 2	−N− | 3
	水　素	酸　素	窒　素

図 3.9　不対電子の数と原子価の関係

　ところが，ホウ素や炭素はどうだろう．ホウ素と炭素を電子式で表すと，ホウ素は不対電子 1 個だから原子価 1，炭素は不対電子 2 個だから原子価 2 のように思える．しかし，実際にはホウ素の原子価は 3，炭素の原子価は 4 である．これは，2s 軌道にある 1 個の逆スピンをもった電子が励起（excite：原子や分子が外部からエネルギーを受け取り高いエネルギー状態になること）し，2p 軌道の空軌道に平行スピンとして入り，次に，2s 軌道と 2p 軌道が混じり合った新しい等価な軌道，**混成軌道**（hybrid orbital）を生じるからである（**図 3.10**）．混成軌道については，有機化学などの専門書を参照のこと．

$$B(2s^2, 2p_x^1) \xrightarrow{励起} B(2s^1, 2p_x^1, 2p_y^1) \xrightarrow{混成} B(3つの等価なsp^2混成軌道)$$
$$C(2s^2, 2p_x^1, 2p_y^1) \xrightarrow{励起} C(2s^1, 2p_x^1, 2p_y^1, 2p_z^1) \xrightarrow{混成} C(4つの等価なsp^3混成軌道)$$

　実際に，ホウ素と炭素の水素化物は，それぞれボラン（BH_3）とメタン（CH_4）

である．

電子式	･･ ･B･ $\xrightarrow[混成]{励起}$ ･B･ ･	･･ ･C･ $\xrightarrow[混成]{励起}$ ･C･ ･
不対電子の数	1	2
実際の原子価	3	4
	ホウ素	炭素

図 3.10　ホウ素と炭素の実際の原子価

5　金属結合

なぜ金属は電気を通しやすく，細い線状に延ばしたり，薄い膜状に広げることができるのだろう？

　金属は，金属原子が規則正しく並んだ結晶からできている．金属原子どうしは，同じ陽性元素であるためイオン結合することはできない．また，価電子を共有しオクテットを形成するには，価電子が少なすぎる（一般に，金属元素の価電子は，1個か2個であることが多い）．そこで，金属原子の価電子は，特定の金属原子の原子核（金属の陽イオン）に拘束されることなく，すべての金属陽イオンに共有される．このような電子を**自由電子**（free electron）と呼び，この自由電子によって陽イオンが結びつけられている結合を，**金属結合**（metallic bond）という（**図 3.11**）．一般に，金属結合は，金属元素どうしの結合である．

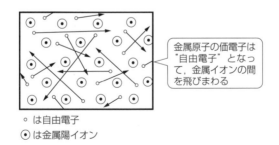

金属原子の価電子は"自由電子"となって，金属イオンの間を飛びまわる

○は自由電子
⊙は金属陽イオン

図 3.11　金属イオンと自由電子

　金属が熱や電気をよく導き，延性や展性に富むのは，この金属結合の特徴のためである．たとえば，金属の両端に電位差（7-2節参照）が生じると，自由電子

が一定の方向に容易に移動し，これが金属の導電性のよさとなる．また，金属は同種の原子が規則正しく並んでいるので，外力によって結晶層が少しずれてもすぐに新しい結合状態が形成され，その構造を破壊されにくい．これが，金属が延性や展性に富む理由である（**図 3.12**）．

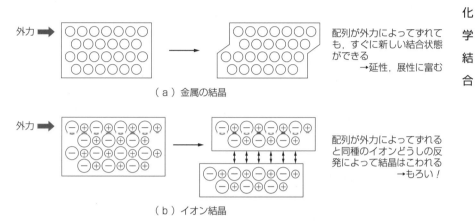

図 3.12　外力に対する金属結晶とイオン結晶の性質の違い

3-2 分子の構造

分子を形作る化学結合に重要な電子対を示した電子式から，分子の形を想像してみよう．

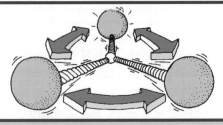

① 共有電子対や非共有電子対など電子対どうしの間には反発力が働いている（VSEPR理論）．
② 結合の方向性を考える上で重要な占有度（非共有電子対の数＋結合原子数）．

1　原子価殻−電子対反発理論（VSEPR理論）

　分子の構造を示す化学式に構造式があるが，これは原子どうしの結合がどのようになっているかを示すものであり，3原子以上の分子における結合角（bond angle）や立体構造はわからない．しかし，原子価殻−電子対反発（valence shell electron pair repulsion：VSEPR）理論を，共有結合を考える際に用いた電子式と組み合わせると，おおよその結合角と立体構造が見えてくる．
　VSEPR理論では，「電子対どうしの間には反発力が働き，それぞれの電子対は空間的になるべく離れた位置関係をとる」と考える．

同じ強さで相反発するものをそれぞれひもでつなぎ，その端を2つ，3つ，4つと手にもっていることを考え，それぞれのものの位置関係がどうなるか想像してみよう．

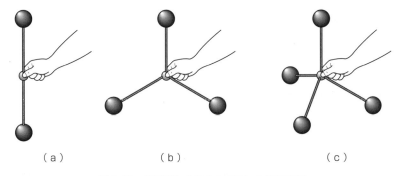

図3.13　相反発し合うものどうしの位置関係

図 3.13 (a) のように 2 つの相反発するものをひもでつなぎその端を握っているとすれば, 自然に左右に直線上に離れていく. また, 3 つのもの (b) では正三角形の頂点方向に, 4 つのもの (c) では正四面体の頂点方向に離れていくことが想像できる.

これを分子に適用させる. 手でもっている箇所にあたるのが分子の中心となる原子である. 相反発し合うものが電子対であるので, 電子対がいくつ中心原子のまわりにあるか考えなければならない. ここで活躍するのが電子対を明確に示している電子式である. 分子に関して電子式を組み立て, 中心原子に結合している原子の数（結合原子間には共有電子対が存在する）と中心原子の非共有電子対の数を数える. それぞれの数の和を占有度（steric number：SN）という. これが反発し合うものの数ということになる.

このとき, 間違えてはいけないのが, 電子式中の共有電子対の数を単純に数えるのではなく結合原子の数を数えるということである. たとえば, 二重結合の場合, 共有電子対は 2 対, 三重結合には共有電子対が 3 対あるが, これら複数の電子対は反発し合って離れていくものではなく, 結合している原子間にまとまって存在するので, 多重結合における電子対の数を余計に数えないように結合原子数に置き換えている.

次の化合物の占有度を示せ.
(1) メタン　　(2) 水　　(3) アンモニウムイオン
(4) 亜硝酸イオン

答

問題番号	(1)	(2)	(3)	(4)
化学式	CH_4	H_2O	NH_4^+	NO_2^-
式	H-C(H)(H)-H	H-Ö-H	[H-N(H)(H)-H]⁺	[O-N=O]⁻
非共有電子対	(炭素に) 0	(酸素に) 2	(窒素に) 0	窒素に 1
結合原子数	4	2	4	2
占有度	4	4	4	3

2 分子の構造

反発し合うものの延長線上に結合している原子が存在することを想像し，分子の形を考えてみよう．

次に，代表的な分子を取り上げて考えていく．たとえば，二酸化炭素では，中心原子の炭素に二重結合した酸素原子が2個，中心の炭素原子の非共有電子対は0個で，占有度（SN）は2になる．よって，2つの方向に反発し合うことになるので∠O-C-Oの結合角は180°となる．メタンでは，中心原子の炭素のまわりに結合する水素原子が4個，中心炭素原子には非共有電子対が存在しないから0個で，占有度は4になる．つまり，各共有電子対は正四面体の頂点方向に存在することになるので，∠H-C-Hの結合角は109.5°になる（**図3.14**）．実際に二酸化炭素は直線構造，メタンは正四面体構造をとっており，VSEPR理論とまさに一致する．

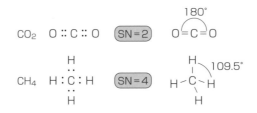

図3.14 二酸化炭素，メタンの分子式，電子式と分子構造

水ではどうか．中心に位置する酸素原子には，2個の非共有電子対が存在し，水素原子が2個結合していることから，占有度は4ということになる．これは，メタンと同様の正四面体構造をとることになるが，2つの反発する非共有電子対の先には結合原子がないから，∠H-O-Hの結合角が109.5°となる折れ線構造になる．また，アンモニアでは，中心の窒素原子に非共有電子対が1個と水素原子3個が結合しているので，占有度が4になり，基本的には正四面体の頂点方向に電子対が位置するので，∠H-N-Hの結合角が109.5°の窒素を頂点とした三角錐構造になると考えられる．しかし，実際の各結合角は∠H-O-Hでは104.5°，∠H-N-Hでは107°となり109.5°より小さな値になっている（**図3.15**）．

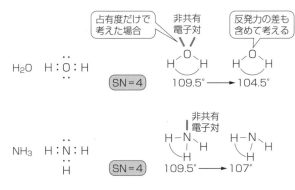

図 3.15 水とアンモニアの分子式，電子式と分子構造

これを，VSEPR 理論では，電子対の種類によって反発力に強弱があると考えることで説明している．電子対相互の反発力の強さを比較すると，非共有電子対－非共有電子対＞非共有電子対－共有電子対＞共有電子対－共有電子対となる．これは，非共有電子対の電子雲の分布が広い空間に広がっているために生じるとしている．

 反発するものどうしの反発力が異なる場合，どのような位置関係になるかいくつかの場合について考えてみよう．

水では2つの非共有電子対どうしの反発力がより強く109.5°より広がり，さらに，水素の結合している共有電子対の反発がより弱いので，両側から2つの非共有電子対に押されるようにして104.5°まで狭くなる．また，アンモニアでは，非共有電子対が1つなので，共有電子対を押す力が弱く，107.5°に縮小することでおさまっている．一方，アンモニアと水素イオンが配位結合したアンモニウムイオンでは，電子対どうしの反発力に違いがなくなり∠H−N−Hの結合角が109.5°となる．

また，二重結合と単結合に関与する共有電子対の反発力にも差がありそうである．二重結合の共有電子対は2対で電子密度が単結合の共有電子対よりも大きいので，反発力は，二重結合−単結合＞単結合−単結合となる．たとえば，ホルムアルデヒドでは，中心の炭素原子に炭素−水素の単結合が2個，炭素−酸素の二重結合が2個，非共有電子対が0個で占有度が3になる．つまり，正三角形の頂

点の位置に酸素，水素が配置され，∠H−C−H＝∠H−C−O＝120°になりそうであるが，実際は，∠H−C−H＝116.5°となっている．炭素−酸素の二重結合によるより強い反発力により，水素−炭素の共有電子対が押されるかたちで，H−C−Hの結合角が120°より小さな値になって，二等辺三角形の構造をとっている（図 **3.16**）．

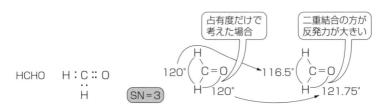

図 3.16　ホルムアルデヒドの分子式，電子式と構造式

このように，電子式をもとに VSEPR 理論を用いると，エタノールのような有機化合物やヘキサシアノ鉄（Ⅲ）酸イオンのような錯イオンの構造なども予測できる．

 酢酸の分子構造を VSEPR 理論を用いて考えよ．

答　酢酸の分子式は CH_3COOH であるので中心にある原子について順に占有度を考えていく．

メチル基 CH_3- の C に関して，SN＝4，よって
$$\angle H-C-H = \angle H-C-C = 109.5°$$
となる．

カルボキシル基 −COOH の C に関して，SN＝3 より
$$\angle C-C=O = \angle O=C-O = \angle C-C-O = 120°$$
と考えられるが，カルボキシル基の C＝O の二重結合部分の反発力が大きいので実際は
$$\angle C-C=O = \angle O=C-O > 120°, \quad \angle C-C-O < 120°$$

となる．カルボキシル基中の $-O-H$ の O に関して SN=4，よって
$$\angle C-O-H = 109.5$$
と考えられるが，$-O-$ には 2 つの非共有電子対があり，その反発力が大きいので実際は $\angle C-O-H < 109.5$．

表 3.2 VSEPR 理論による占有度と分子のかたち

占有度	電子対よる反発	分子の立体構造	分子の例
2	180°	B−A−B	$BeCl_2$ CO_2
3	120°	(三角形)	BF_3 NO_2^- O_3 SO_2
4	109.5°	(四面体)	NH_3 NH_4^+ CH_4 H_2O
5	90°, 120°	(三方両錐)	PF_5 SF_4 ICl_3 I_3^-
6	90°, 90°	(八面体)	IF_6 ICl_4^-

3-3 分子の極性と水素結合

共有電子対が各原子とどのような位置関係にあるのか見極めることで分子の性質を理解しよう.

①結合原子間の共有電子対を各原子が引きつける相対的な力の度合いを,電気陰性度という.
②極性分子は,分子として双極子を有する.

1　2原子分子の極性

　化学結合では,各原子がどのように電子を引きつけるかによって結合の形態が決まってくるので,結合の基本である共有電子対に視点を向けて,もう一度化学結合を見直してみる.

　2原子分子である塩素 Cl_2, 窒素 N_2 や酸素 O_2 における共有電子対は,同じ元素で共有されているため2つの原子が同じ力で共有電子対を引きつけ化学結合をしていると考えられる.これが共有結合である.一方,塩化ナトリウムなどでは,片方の原子が電子を非常に引きつけやすく電子を奪い取り,負に帯電し陰イオンに,奪われた方は正に帯電し陽イオンになり,イオン結合を生じる.このことは,元素の種類が異なると電子を引きつける力に違いが存在することを示している.

> 電子を引きつける力の程度が少しずつ異なる元素を組み合わせたときの共有電子対の位置関係がどうなるか考えてみよう.

（a）力が拮抗しているが片方が強い

（b）片方の力が極端に強い

図3.17　電子を引っ張り合う原子ちゃん

　共有結合性の分子として知られている塩化水素 HCl の場合はどうだろうか.
　共有電子対を引きつける力の度合いは,陰イオンになりやすい塩素原子の方が

水素原子より大きそうである．このような各元素の共有電子対の引きつけやすさの度合いを示す尺度に電気陰性度（electronegativity）がある．一般に，記号 χ で示され，最も電子を引きつけやすい元素であるフッ素 F を 4.0 とした，相対的な値である．図 **3.18** に各元素の電気陰性度を示す．

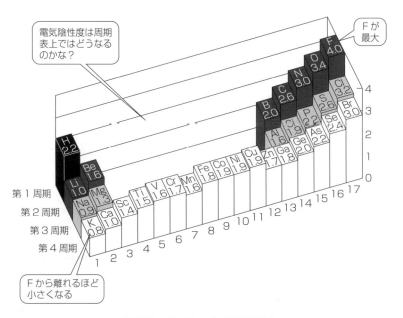

図 3.18　ポーリングの電気陰性度

水素原子，塩素原子の電気陰性度はそれぞれ $\chi_H = 2.2$，$\chi_{Cl} = 3.2$ なので，塩化水素分子中で共有電子対は塩素原子の方によっていることになる．つまり，塩素原子側がほんの少し負（$\delta-$）に，水素原子側がほんの少し正（$\delta+$）になっており，分子内で電荷の偏りが生じ分極していることになる（図 **3.19**）．このように分子内で分極（polarization）している状態を双極子（dipole）といい，その大きさの度合いは双極子モーメントで示される．また，分子内に双極子を有する分子を極性分子（polar molecule）と呼び，酸素や窒素のような分子内に電荷の偏りのない分子を無極性分子という．

2 原子分子の場合，2 つの元素の電気陰性度の差によって分極の程度がきまる．たとえば，ハロゲン化水素の場合，HF＞HCl＞HBr＞HI となる．

3章 化学結合

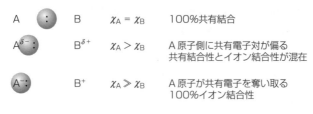

図 3.19　電気陰性度の差による分極と結合性

2　多原子分子の極性と水素結合

次に，3原子以上の分子ではどうなるのか考えてみる（**図 3.20**）．原子間の分極の度合いはベクトルで示すことができ，電子が引きつけられる方向をベクトルの矢印方向とし，その大きさを電気陰性度の差で近似できる．

 複数のベクトルを合成してゼロベクトルになる場合のベクトルの位置関係を考えてみよう．

（a）3人とも同じ強さ

（b）1人が他の2人より強い

図 3.20　3方向への綱引き

極性分子なのか，無極性分子であるのかを知る上で重要なのが，分子の立体構造である．二酸化炭素の場合，炭素－酸素の結合間には，電気陰性度がより大きな酸素側にベクトルの向きが向いているが，直線構造をもつため，分子内では各ベクトルが打ち消しあって，双極子を持たなくなる（無極性分子）（**図 3.21**（左））．一方，水の場合，酸素－水素の結合間で酸素側にベクトルの向きが向いている．

二酸化炭素と同じように直線構造をとっているとすれば各ベクトルが打ち消し合うが，水は折れ線構造をもつために合成ベクトルは2つの水素間から酸素方向へ向き，酸素側が$\delta-$，水素側が$\delta+$となる双極子を有する極性分子となる（図**3.21**（右））．

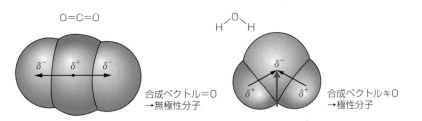

図3.21　二酸化炭素と水における原子間分極ベクトルの合成

　もう少し構造の複雑な，メタンの場合はどうであろうか．炭素－水素間では炭素側にベクトルの向きが向いている．メタンは正四面体構造であるため，同じ大きさをもつ4つのベクトルの合成は，打ち消されゼロベクトルになり，無極性分子となる（図**3.22**（左））．ところが，水素原子の1つを塩素原子に置き換えた塩化メチルは，図**3.22**（右）のように炭素－塩素のベクトルが塩素側に向くようになるので，合成ベクトルも炭素原子から塩素原子へ向くベクトルとなる双極子をもつ，極性分子となる

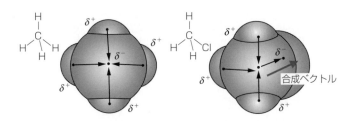

図3.22　メタンと塩化メチルの原子間分極ベクトルの合成

　このように分子には極性分子と無極性分が存在することがわかる．極性分子どうしが近づくと，その間にはクーロン力（静電気力）が働く．また，極性分子と無極性分子が近づくと，たとえば極性分子の$\delta-$側が無極性分子に向いているとすれば，無極性分子内の電子が斥力をうけ，$\delta-$側にある電子密度が小さくなって，無極性分子内に電荷の偏りが生じる．さらに，無極性分子どうしにも非常に弱い

が互いに引きつけ合う相互作用（気体の凝縮がその証拠である）が存在する．このように分子間に働く引力を分子間力またはファンデルワールス力（van del Waals force）と呼ぶ．

分子間の相互作用で特に強いものに水素結合（hydrogen bond）と呼ばれるものがある．これは，電気陰性度の大きな元素（X）とXに結合した水素原子の間で原子Xが$\delta-$に，水素原子Hが$\delta+$に帯電することにより，同一分子どうしまたは，他の分子との間で静電気的に引き合うことによって生じる結合（図**3.23**）である．元素Xは，フッ素，酸素，窒素などである．

水素結合をする代表的なものに水分子や酢酸分子がある．水素結合によって，水は分子量が小さいわりに沸点が高く（4-1節参照），また，酢酸は2つの分子が会合して二量体を形成するため分子量が2倍になっているように観察される．

極性分子や水素結合を形成する分子は，気体の状態よりも液体や固体の状態においてその性質が顕著に現れる．

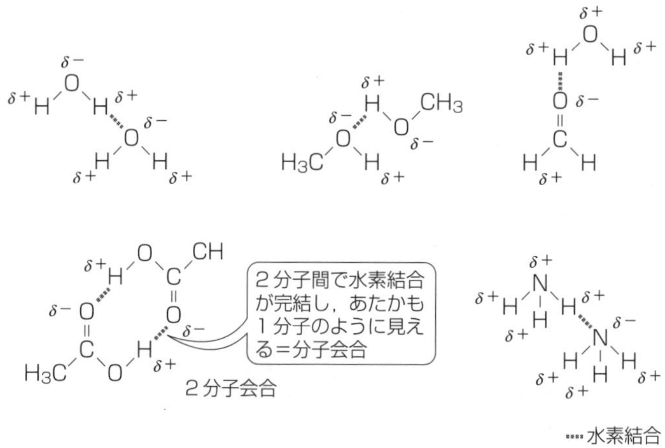

図 3.23　分子間の水素結合

アンモニア，クロロホルム，四塩化炭素の極性の有無を示せ．

答　いずれの分子も SN = 4 で正四面体構造を基本にしている．電気陰性度の大小から電子が引っ張られる方向をベクトルの向きとし，合成ベクトルを考えると図 3.24 のようになる．

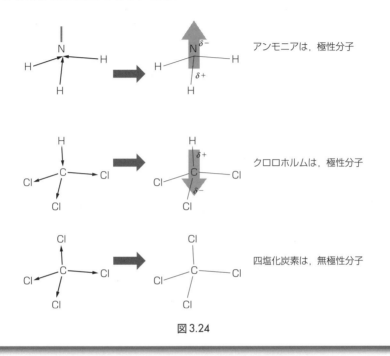

図 3.24

アンモニアは，極性分子

クロロホルムは，極性分子

四塩化炭素は，無極性分子

Column　DNA は水素結合の宝庫

　遺伝子の実態である DNA は，リン酸と糖の繰返しからなる 2 本の鎖が平行に並び，それぞれの鎖の糖に結合した 4 種類の塩，アデニン（A），チミン（T），グアニン（G），シトシン（C）が，相手の鎖の塩と対になる（A と T，G と C）ように水素結合で結合し，二重らせん構造をとっているということを 1953 年にワトソンとクリックが明らかにした．つまり，DNA は水素結合の宝庫であることがわかる．
　水素結合は，共有結合ほど強くなく，分子間力より強いという適当な結合力を示すために，二重らせんが簡単に壊れないまでも，複製されるときには 2 つの鎖が分かれることができる．

3-4 結晶構造

原子・分子が規則的に並ぶことによって結晶ができる．このことから結晶構造を理解しよう．

① 最密充填構造は，球体をできるだけ密に積み，並べていくとできる構造である．
② 主な結晶構造には面心立方格子，六方最密充填構造，体心立方格子がある．

1 結晶とは

食塩の結晶は立方体，水晶は六角柱の形をしていることはよく知られている．これらがどうしてこのような形をとるのか，それは固体の中で原子や分子が規則正しい配列をして積み重なっているということを示唆している．

結晶（crystal）は，ある粒子（原子，分子）の上にたって上下左右を見たとき，他の粒子が視線の延長線上に，規則性を持って並んでいる状態にある固体ということができる（**図 3.25**）．このような原子レベルでの規則性が大きな塊の形態をも決めている．もし，そこに規則性が見いだせない場合，その固体は非晶質固体（noncrystalline solid）や無定形固体（amorphous solid）と呼ばれる．非晶質固体の代表格が窓ガラスに使われているソーダガラスである．

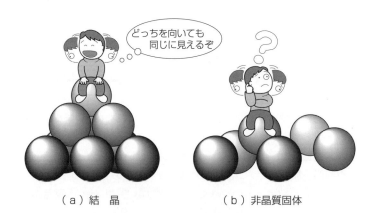

（a）結　晶　　　　　（b）非晶質固体

図 3.25　結晶と非晶質固体

3-4 結晶構造

> 13個の球体を3段積み上げる方法を考えてみよう．

原子・分子を球体と単純化して，その並べ方を考えいくことで結晶を組み立てていく．いま，机の上にウレタンのマットを敷いて図3.26のようにボールをなるべく密になるように積み上げていく．まずは，3つのボールを互いに接するように並べ，2つのボールに接するように次から次へと平面に並べる（a）．次に，三角形をつくる3つのボールの上に1つのボールをのせ，このボールに接するようにもう1つ，さらにもう1つと2段目を積み上げていく（b）．次に2段目と同様に3段目を積み上げていくが，2段目の三角形をつくる3つのボールの選び方で3段目に並ぶボールの位置が1段目のボールの真上に位置するものと，さらに位置がずれるものがあることに気づくだろう（c）．3段目が1段目と異なる位置にくるものを立方最密充填構造（c-1），同じ位置にくるものを六方最密充填構造（c-2）という．

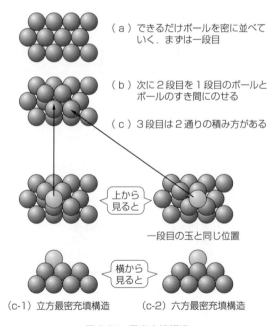

図 3.26　最密充填構造

結晶の構造を表現するのに，上下左右の3次元の規則性の最も基本となる繰返し単位を図 3.27 に示す．これを単位格子あるいは単位胞（unit cell）と呼ぶ．図 3.27 の最密充填構造を構成する単位格子は，立方最密充填構造では立方体の頂点と各面の中心に原子が配置する面心立方格子（face-centered cubic lattice：fcc，図 3.27（a））で Cu，Ag，Au，Al，Ar などでみられる．一方，六方最密充填構造（hexagonal closest packing：hcp，図 3.27（c））は，Mg，Zn，Co などでみられる．この他に，最密充填構造ではない，少し充填率が小さな立方体の各頂点と中心の位置に原子が配置する体心立方格子（body-centered cubic lattice：bcc，図 3.27（b））がある．これらの3つの単位格子が結晶構造の代表例である．常温，常圧では，Fe やアルカリ金属はこの bcc の構造をとる．

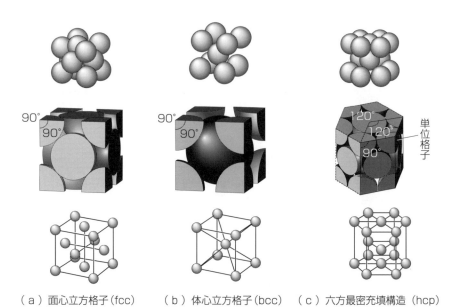

（a）面心立方格子（fcc）　（b）体心立方格子（bcc）　（c）六方最密充填構造（hcp）

図 3.27　代表的な結晶構造

> 面心立方格子と体心立方格子の充填率を求め比較してみよう．

原子半径を r とする．図 3.27（a）より，面心立方格子（fcc）では，単位格子中の原子数は，各頂点に 1/8 原子×8 個，各面に 1/2 原子×6 個の計 4 個となる

ので，原子の占める体積は，$4 \times \left(\dfrac{4}{3}\right)\pi r^3 = \left(\dfrac{16}{3}\right)\pi r^3$ となる．

また，立方体の面の対角線の長さが $4r$ なので一辺の長さは $\dfrac{4r}{\sqrt{2}} = 2\sqrt{2}r$ となり，この立方体の体積は $16\sqrt{2}r^3$ である．

よって充填率は $\left(\dfrac{16}{3}\right)\pi r^3 \div 16\sqrt{2}r^3 = 0.74$ となる．

図3.27（b）より，体心立方格子（bcc）では，単位格子中の原子数は，各頂点に 1/8 原子×8 個，立方体の中心に 1 個の計 2 個となるので，原子の占める体積は $2 \times \left(\dfrac{4}{3}\right)\pi r^3 = \left(\dfrac{8}{3}\right)\pi r^3$ となる．

立方体の対角線は $4r$ で，これは，**図3.28**（b）の対角線での切断面四角形 ACGE の対角線であり，立方体の一辺 CG の長さを L とすれば，AC の長さは $\sqrt{2}L$ なので，ピタゴラスの定理より

$$L^2 + (\sqrt{2}L)^2 = (4L)^2 \qquad L = \left(\dfrac{4}{\sqrt{3}}\right)r$$

となる．立方体の体積は $\left(\dfrac{64}{3\sqrt{3}}\right)r^3$ である．

よって充填率は，$\left(\dfrac{8}{3}\right)\pi r^3 \div \left(\dfrac{64}{3\sqrt{3}}\right)r^3 = 0.68$

以上から，充填率は fcc の方が bcc より確かに密になっていることがわかる．

一方，**図3.27**（c）を見ると複雑そうな六方細密構造であるが，前述したようにこれは面心立方格子と 3 層目を積む位置が違うだけなので充填率は面心立方格子と同様の 0.74 である．

（a）面心立方格子

（b）体心立方格子

図3.28 単位格子の切断面

2　最密充填構造から考えられる複雑な結晶構造

　最密充填構造の原子間のすき間はどうなっているか考えてみよう．

　最密充填構造では，4つの原子に囲まれたところ（四面体間隙：図3.29左）と6つの原子に囲まれたところ（八面体間隙：図3.29右）に大きなすき間が存在する．もし，このすき間に入るような小さな球体があれば，最密充填構造を基本にする新たな結晶構造ができることがわかる．

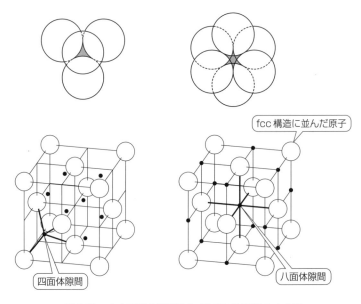

図 3.29　立方最密充填構造における 2 種類のすき間

　さらに，最密構造が緩んでくれば，そのすき間にはより大きな原子が入り込むことも可能になるのでさまざまな化合物の結晶構造の存在が予測される．実際，塩化ナトリウム結晶ではイオン半径の大きい塩化物イオンがfccの格子の位置に配置されており，八面体間隙の部分にイオン半径の小さいナトリウムイオンが位置し結晶を形作っている（図3.30 (a)）．また，せん亜鉛鉱（ZnS）では，fccの格子位置に硫化物イオン，四面体の間隙の部分の半数を亜鉛イオンが占めている

構造を有している（図 **3.30**（b））．この他にも，hcp が基本となるものも存在する．

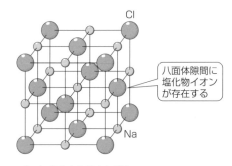

（a）塩化ナトリウム構造

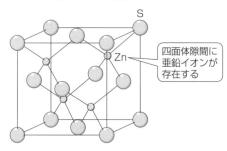

（b）せん亜鉛鉱構造

図 3.30　2 つのイオン結晶の構造

塩化ナトリウムの密度を計算せよ．ただし，単位格子の一辺の長さを 0.56 nm とする．

答　Cl^- が面心立方格子の位置に配置しているのでその数は 4 個．組成式は NaCl なので，単位格子中 Na^+ と Cl^- の数は同数であり，NaCl として 4 個存在するので

$$\left(\frac{58.5}{6.02 \times 10^{23}}\right) \times 4 \text{ g} \div (0.56 \times 10^{-7} \text{ cm})^3 = 2.2 \text{ g/cm}^3$$

章末問題

問題 1 次の化合物の結合は，イオン結合，共有結合，金属結合のいずれか．
(1) KI　　(2) MgO　　(3) HCl　　(4) Cl_2
(5) Cu　　(6) H_2S　　(7) Hg　　(8) $CuCl_2$

問題 2 次の（ア）〜（キ）の分子について，下の各問に（ア）〜（キ）の記号で答えよ．
（ア） BF_3　　（イ） HF　　（ウ） H_2O　　（エ） NH_3
（オ） N_2　　（カ） CO_2　　（キ） CH_4

(1) (a) 二重結合をもつ分子はどれか．
　　(b) 三重結合をもつ分子はどれか．
(2) 極性分子はどれか．
(3) 無極性分子のうち，非共有電子対が最も多い分子はどれか．
(4) 分子間で水素結合する分子はどれか．
(5) 分子の形が，(a) 正四面体，(b) 三角錐，(c) 正三角形，(d) 折線形のものはそれぞれどれか．

問題 3 VSEPR理論を用いて，エタノールの立体構造を予想される結合角，極性の有無など明記しながら示せ．

問題 4 銅の結晶構造は面心立方格子をとる．銅の原子半径は 0.128 nm である．銅の密度 d 〔g/cm^3〕を求めよ．

問題 5 塩化セシウムの結晶は，体心立方格子の中心の位置にセシウムイオン，8つの頂点の位置に塩化物イオンがある．塩化セシウムの密度は $3.98\,g/cm^3$ である．単位格子の一辺の長さ x 〔nm〕を求めよ．

問題 6 せん亜鉛鉱の密度 d 〔g/cm^3〕を求めよ．ただし，単位格子の一辺の長さは，0.541 nm である．

第4章
気体と溶液の性質

　この章では，物質の状態変化を分子の相互作用と温度変化に伴う分子運動の変化から考える．このことから，液体状態から気体状態への連続性を理解するとともに，気体の性質について理想気体と実在気体の違いを認識しながら理解を深める．

　また，物質の状態変化と同様，溶液の性質を溶液を構成するイオンや分子の運動と相互作用からとらえ，蒸気圧降下，凝固点降下，沸点上昇や浸透圧を考えていく．さらに，コロイド溶液の基礎的な事項を取り扱う．

4-1 物質の状態変化

物質の状態をそれぞれの粒子の相互作用（interaction）と状態のエネルギー変化としてとらえてみよう．

① 物質の状態は，固体・液体・気体でこれを物質の三態という．
② 物質の状態変化には，蒸発と凝縮，凝固と融解，昇華がある．

1 物質の三態

1 固体・液体・気体

物質の代表的な状態として**固体**（solid）・**液体**（liquid）・**気体**（gas）の三態がある．物質が全体に均一に同じ状態にあるときこれを**相**（phase）といい，三態それぞれに対し，固相，液相，気相という（図 4.1）．

> 同じ粒子数の3つの状態について，粒子の間隔や運動をしっかりイメージしてみよう．

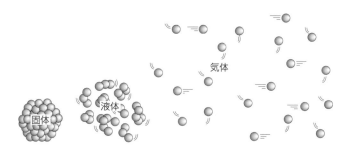

図 4.1 物質の三態

2 状態変化

固体は粒子どうしが化学結合によりしっかり結合した状態にあり，原子の自由な運動ができない状態にある．温度が高くなると，粒子は，自由な運動を束縛していた化学結合の力を一部振り切れる程度の運動エネルギーをもつことができるようになり，数個の粒子が集まった状態で流動性を有するようになり液体状態に変化する．これが**融解**（melting, fusion）である．液体から固体への変化は

凝固（solidification, freezing）という．さらに温度が上がり，粒子間の結合を切れるような運動エネルギーを獲得した粒子は，自由に空間を動き回れるようになり，気体状態に移行する．これが**蒸発**（vaporization, boiling）であり，逆に気体から液体への変化を**凝縮**（condensation）という．固体から気体への変化は**昇華**（sublimation）という．このような状態の変化を**相変化**（phase change）あるいは**相転移**（phase transition）といい，必ずエネルギーの出入りを伴う．

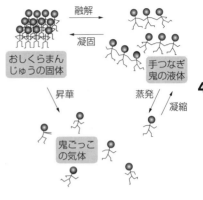

図 4.2 物質の状態変化

2 蒸気圧曲線

1 沸点と融点

圧力が一定の元で純物質が固相から液相へ変化する温度を**融点**（melting point），逆に液相から固相へ変化する温度を**凝固点**（freezing point）といい，融点と凝固点は同じ温度になる．純物質を冷却していくと分子の運動エネルギーが小さくなるとともに分子間力の影響が大きくなり，固体へと移行するが，凝固点をすぎても固体にならない液体状態が存在することがある．この状態を**過冷却状態**（supercooled state）という．液体が，固体に変わり安定な状態になる際には発熱し，温度が上がる．これによって，2つの相が共存する凝固点で冷却曲線の温度が一定になる（**図 4.3**）．

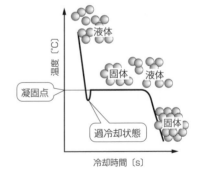

図 4.3 凝固点と過冷却

液体を容器に入れて密閉すると，液体表面から分子が飛び出し，気体になる．一方，蒸発した分子は液体表面に近づくと分子間力に捕まり凝縮する．この分子の出入りが同じになると気液平衡の状態になる．このときの蒸気圧を飽和蒸気圧（saturated vapor pressure）という．

温度を上げていくと液体表面から飛び出すことのできる分子の数が増え，蒸気圧が増す．さらに温度が上がると液体内部でもまわりにある分子との相互作用を振り切るのに十分な運動エネルギーを有する分子が存在するようになり，それらが集まり気泡を作る．これが沸騰という現象であり，液体内部で急激に気泡が生じた場合には，**突沸**（bumping）することになる．**沸点**（boiling point）というのは，このような現象が起こる際の温度ではなく，外気圧が 1.013×10^5 Pa であるとき，蒸気圧が外気圧と等しくなる温度である（図4.4）．

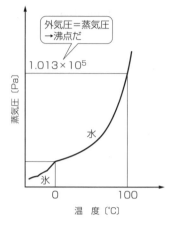

図 4.4　蒸気圧曲線

2　分子構造と蒸気圧

分子が蒸発しやすいかどうか，つまり沸点が高いのか低いのかは，分子間に働く相互作用の強さである分子間力によって決まる．分子間力は分子の構造や分子量，極性分子か無極性分子かに左右される．分子間力は，一般に，分子量が大きいもの，極性分子であるもの，特に水素結合するものが強い．つまりこのような性質を有する分子は沸点が高い（融点も同様）．

たとえば，3つの有機化合物の分子量を比較するとジエチルエーテル＞アセトン＞エタノールであるが，図4.5の蒸気圧曲線より，各物質の沸点は，分子構造から無極性分子であるジエチルエーテル，極性分子であるアセトン，水素結合を有するエタノールの順に高くなる．このことから，分子内の電荷の偏りが大きいものほど沸点が高くなっていることがわかる．

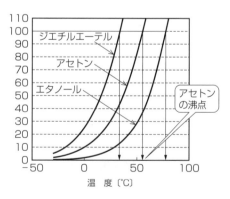

図 4.5　蒸気圧曲線と沸点

2　状態図（相図）

　さまざまな温度，圧力における物質の状態を示したものを状態図あるいは相図（phase diagram）という．物質を扱う上で大切な図である．
　液体，気体および固体が同時に互いに平衡状態にある温度を**三重点**（triple-point temperature）という．通常，三重点は標準凝固点0℃（圧力101.3 kPaの空気のもとで，液体，蒸気および固体が同時に平衡状態にある）に極めて近い．図 **4.6** の三重点 T では，空気を取り除いた密閉容器内で，水，氷および水蒸気が同時に平衡状態になる．圧力を加えて 610.5 Pa 以上にすると，水蒸気は液体と固体に変化する．この圧力より大きい各圧力に対しては，それぞれある決まった温度でだけ氷と水は共存し，圧力の増加とともにこの温度は低下する．別の言い方をすれば，水に加える圧力を増加すると，融点は曲線 B にそって降下する．この現象は，アイススケートにおいて，スケート靴のエッジ部分で圧力を受けた氷の融点が下がり氷が融解し，エッジと氷の間に水の膜が生じ，よく滑るようになることから体感できる．
　図 **4.6** の3つの曲線は二相が平衡を保って共存する圧力および温度を表している．曲線 A（蒸気圧曲線，気液曲線）上の圧力および温度では水と水蒸気が共存することができる．また，曲線 B（融解曲線，固液曲線）上では氷と水が平衡を保ち，曲線 C（昇華曲線，固気曲線）では氷と水蒸気が平衡を保っている．点 Q は水の沸点100℃（圧力101.3 kPa），点 K は**臨界点**（critical point）と呼ばれる．

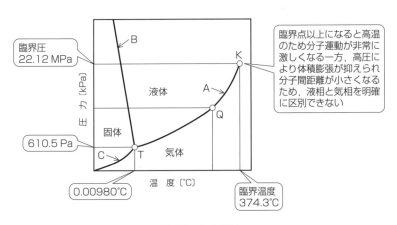

図 4.6　水の状態

4-2 気体の性質

気体の圧力は分子が熱運動により壁に衝突することで生じる．圧力と温度・体積の関係を考えよう．

①気体分子の運動は温度上昇とともに激しくなる．
②気体の圧力・体積・温度の関係はボイル・シャルルの法則で示される．

1 温度・気圧と分子運動

ゴム風船では，もとの大きさに戻ろうとするゴムの力に逆らって，内側から，気体分子が非常に多くの衝突を繰り返して，風船の大きさを保っている．この衝突の大きさが気圧と呼ばれるものである．

 温度が高くなると気体分子がどのような動きになるかイメージしよう．

衝突の大きさを決める気体分子の運動は，温度により決まる．温度が低いと，分子はゆっくりとした運動になり，温度が高いと速い運動になる（図 4.7）．

つまり，温度が高いほど壁に衝突する力が強く衝突する回数が増すということになる．

（a）温度が高く素早い気体　　　（b）温度が低くのんびり気体

図 4.7　気体の分子運動と温度

実際に，気体の分子運動論から式

$$\frac{1}{2} m\bar{v}^2 = \frac{3}{2} kT$$

が得られる．記号は，m：気体分子の質量，$\bar{v}$：気体の平均速度，k：ボルツマン定数（1.38×10^{-23}），T：絶対温度である．この式から，気体分子のもつ平均的

な運動エネルギーは絶対温度に比例するということになる．これは言い換えると気体の運動の激しさが温度を示しているともいえる．

2　ボイルの法則（Boyle's law）

ボイル（R. Boyle, イギリス）は，一定温度における一定量の気体の圧力 P と体積 V の関係を実験により求め，**図4.8** のようなグラフを得た．ここから，圧力と体積が反比例することを突き止めた．

これを式で示すと

$$PV = k \quad (一定) \qquad (4・1)$$

となる．この関係式をボイルの法則という．

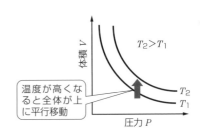

図4.8　気体の圧力と体積の関係

3　シャルルの法則（Charles's law）

シャルル（J. A. C. Charles, フランス）は，一定の圧力において一定量の気体の温度を変化させると，体積 V は温度 T に対して直線的に変化し，1℃の温度上昇で，0℃における体積の1/273だけ増加することを発見した．0℃のときの気体の体積を V_0，t ℃のときの体積を V_1 とすると

$$V_1 = V_0 + t\left(\frac{V_0}{273}\right)$$

となる．よって，2つの異なる温度で次のような式が成り立つ．

$$V_1 = V_0 + t_1\left(\frac{V_0}{273}\right) \qquad V_2 = V_0 + t_2\left(\frac{V_0}{273}\right)$$

これをまとめると

$$\frac{V_1}{V_2} = \frac{t_1 + 273}{t_2 + 273} \qquad (4・2)$$

となる．

一方，ゲイリュサック（J. L. Gay-Lussac, フランス）は，一定気圧のもとで一定量の気体の温度と体積との関係を見出した（**図4.9**）．**図4.9** の温度軸 t〔℃〕を T〔K〕（絶対温度）とすると，

$$T = 273 + t \qquad (4・3)$$

絶対温度と体積が比例関係をもつことがわかる．これはシャルルの法則が示す

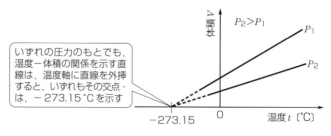

図 4.9 気体の温度と体積の関係

式 (4・2) に式 (4・3) を適用することでも示される.

$$\frac{V_1}{V_2} = \frac{T_1}{T_2} \qquad \frac{V_1}{T_1} = \frac{V_2}{T_2}$$

つまり

$$\frac{V}{T} = k \quad (一定) \tag{4・4}$$

となる.

4 ボイル・シャルルの法則

温度 T_1 で,圧力を P_1 から P_2 に変化させたとき,体積が V_1 から V_1' に変化したとすると,ボイルの法則(式 (4・1))より

$$P_1 V_1 = P_2 V_1' \qquad V_1' = \frac{P_1 V_1}{P_2} \tag{4・5}$$

となる.次に圧力を P_1 と一定にして,温度を T_1 から T_2 へ変化させると体積が V_1' から V_2 に変化したとすると,シャルルの法則(式 (4・4))より

$$\frac{V_1'}{T_1} = \frac{V_2}{T_2} \tag{4・6}$$

となる.式 (4・5) を式 (4・6) に代入すると

$$\frac{P_1 V_1}{T_1} = \frac{P_2 V_2}{T_2}$$

$$\frac{PV}{T} = k \quad (一定) \tag{4・7}$$

となり,ボイル・シャルルの法則として知られる式が得られる.

次に,気体分子の運動とボイル・シャルルの法則の対応を考える.

広い部屋の中で走り回るとき，狭い部屋で同じように走り回るときでは壁にぶつかる回数はどうなるだろうか．また，同じ部屋でゆっくり走り回るときと速く走り回るときに壁にぶつかる回数はどうなるか考えてみよう．

図 4.10 のように同じ数の気体分子が，同じ勢いで動き回ったとき（同じ温度），広い部屋（a）と狭い部屋（b）では壁に衝突する回数（圧力に対応）は狭い部屋の方が多い．温度が一定のもとでは，気体の圧力と体積は反比例の関係にあると見てとれる．また，同じ大きさの部屋で動き回るとき，速く動き回った方が衝突回数が増すことはわかるだろう．

（a）広い部屋　　　　　　　　（b）狭い部屋

図 4.10　容器の大きさと気体分子の壁に衝突する回数

次に，図 4.11 に示すような一方の壁がばねで支えられている（圧力が一定）部屋に同数の気体分子が動き回っているとき，動く速さが遅い（温度が低い）場合には壁に衝突してもバネを押し返すことはできるものの縮めることはできない．
一方，動きが速くなる（温度が高い）と，壁に強く何回も当たり，ばねを縮めるほどの力を発揮する．体積が一定のとき，温度と圧力は比例関係にあると見てとれる．

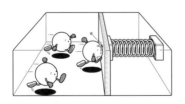 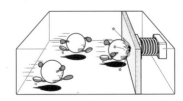

（a）ゆっくり走っているときの衝突　　（b）速く走っているときの衝突

図 4.11　壁に衝突する速さと壁に及ぼす力

4-3 理想気体

気体分子を質点とし，互いに影響を与えず運動しているとして気体の基本的な振舞いを考えよう．

① 理想気体の分子間には分子間力がない，分子自身の体積がない．
② 理想気体の状態方程式 $PV=nRT$
③ 分圧の法則 $P=P_1+P_2+\cdots\cdots$

1 理想気体とは

実際の気体にボイル・シャルルの法則を適用すると，多少のずれが生じるが，この法則が完全に成り立つ気体を**理想気体**（ideal gas）という．気体にはさまざまな種類があり，分子の大きさが違うため，それに伴って分子間に働く力などが異なってくる．それによって法則からのずれが生じる．いいかえると，分子の大きさがなく，分子間に働く**相互作用**（interaction）もないと仮定した気体が理想気体であるといえる．

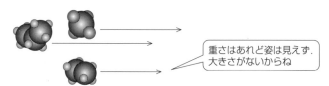

図 4.12 気体分子と理想気体

2 理想気体の状態方程式

アボガドロ（Avogadro，イタリア）の原理によれば，「同じ温度と圧力においては，気体の同じ体積の中には同数の分子が存在する」．

たとえば，**標準状態**（standard state）である，気圧 $P=1.013\times10^5\,\text{Pa}$，温度 $T=273\,\text{K}$，体積 $V=2.24\times10^{-2}\,\text{m}^3$ のときは，1.0 mol の気体が存在するので，ボイル・シャルルの関係式の k は

$$k=\frac{PV}{T}=\frac{1.013\times10^5\,\text{Pa}\times2.24\times10^{-2}\,\text{m}^3/\text{mol}}{273\,\text{K}}=8.31\,\frac{\text{Pa}\cdot\text{m}^3}{\text{K}\cdot\text{mol}}=8.31\,\frac{\text{J}}{\text{K}\cdot\text{mol}}$$

となる．この値を**気体定数**（gas constant）と呼び R で示す．

気体のモル数を n [mol] とすれば，この R を用いると理想気体の状態方程式

(the ideal gas equation)

$$PV = nRT \tag{4・8}$$

が得られる．

分子量 M_W をもつ気体分子が m 〔g〕 あるとすれば，$n = \dfrac{m}{M_W}$ 〔mol〕 なので，状態方程式は

$$PV = \dfrac{m}{M_W} RT$$

となり，さらに式を変形することで気体の分子量 M_W，気体の密度 d 〔g/m³〕 を求めることができる．

気体の分子量：$M_W = \dfrac{mRT}{PV}$　　気体の密度：$d = \dfrac{m}{V}$　　$\dfrac{m}{V} = \dfrac{M_W P}{RT}$

📰 **実験例　デュマ法（Dumas method）による分子量測定**

揮発性の液体を内容積 v 〔mL〕 の三角フラスコにいれ，アルミ箔で口をふさぎ，アルミ箔の中央に小さな孔をあける（容器の質量 w_0 〔g〕）．図 4.13 のように三角フラスコを温水中にいれ，小さな孔から蒸気が出なくなるまで，三角フラスコ内の液体を蒸発させたのち，温水から取り出し冷やすと容器内を満たしていた揮発性の物質が凝縮した．三角フラスコのまわりの水気をとり質量を測定したところ w 〔g〕 であった．このときの大気圧は p 〔Pa〕，温水の温度は t 〔℃〕 であった．この実験から，揮発性の物質 $w-w_0$ 〔g〕 は，温度 t 〔℃〕で容積 v 〔mL〕 を満たしていたことになるので，揮発性の液体の分子量を M とすると，理想気体の状態方程式より

$$pv = \left(\dfrac{w-w_0}{M} \right) \cdot R \cdot (t+273)$$

$$M = \left(\dfrac{w-w_0}{pv} \right) \cdot R \cdot (t+273)$$

となる．このように，式を展開すると分子量を求めることができる．

図 4.13　デュマ法の実験装置

3 混合気体と分圧の法則

気体 A が n_A [mol] と気体 B が n_B [mol] 混ざった混合気体が温度 T [K], 圧力 P [Pa] で体積 V [m³] の容器に入っている. このとき

$$PV = (n_A + n_B)RT \tag{4・9}$$

が成り立つ. さて, この容器内で気体 A が壁に衝突する圧力を P_A [Pa], 気体 B が壁に衝突する圧力を P_B [Pa] とすると, それぞれの気体に関して

$$P_A V = n_A RT \qquad P_B V = n_B RT \tag{4・10}$$

が得られる. 式 (4・10) より

$$P_A V + P_B V = n_A RT + n_B RT \qquad (P_A + P_B)V = (n_A + n_B)RT \tag{4・11}$$

となる. 式 (4・9) と式 (4・11) は同じ状態方程式なので, 比較すると

$$P = P_A + P_B \tag{4・12}$$

となり, このときの P を**全圧**(total pressure), P_A, P_B をそれぞれの気体の**分圧**(partial pressure)という.

つまり,「混合気体が示す圧力は, それぞれの気体が単独に同じ体積を占めるときに示す圧力の和である」となる. これを**ドルトンの法則**(Dalton's law)または, **分圧の法則**(the law of partial pressure)という.

まず, ある容器内で黒い気体が3個, 白い気体が2個飛び回って容器の壁に衝突しているところを想像してみよう. 次に, 黒い気体と白い気体が壁に衝突する回数の割合がどうなるか考えてみよう.

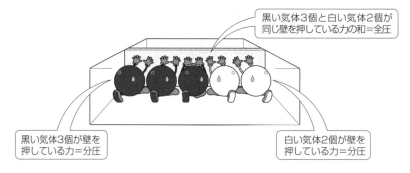

図 4.14 容器の壁を押す2種の気体粒子

各気体の分圧は, 式 (4・9) と式 (4・10) より以下のようになる.

$$\frac{P_A V}{PV} = \frac{n_A RT}{(n_A + n_B)RT} \qquad P_A = \left(\frac{n_A}{n}\right) P,$$

$$\frac{P_B V}{PV} = \frac{n_B RT}{(n_A + n_B)RT} \qquad P_B = \left(\frac{n_B}{n}\right) P \qquad (4 \cdot 13)$$

式（4・13）中の $\dfrac{n_A}{n}$, $\dfrac{n_B}{n}$ はそれぞれ各気体の**モル分率**（mole fraction）という．分圧は，全圧と各気体のモル分率の積として求められる．

この混合気体の質量 m〔g〕は，気体 A，B のそれぞれの分子量を M_A, M_B とすると

$$m = n_A M_A + n_B M_B$$

となる．混合気体 1 mol あたりの質量である平均分子量 M_{ave}〔g/mol〕は

$$M_{ave} = \frac{m}{n} = \frac{n_A M_A + n_B M_B}{n} = \left(\frac{n_A}{n}\right) M_A + \left(\frac{n_B}{n}\right) M_B \qquad (4 \cdot 14)$$

となる．式（4・14）より，混合気体の平均分子量を求めることができれば，モル分率つまり，混合気体の組成を求めることができる．

> **実験例　水上置換による気体の捕集と分圧**
>
> 図 **4.15** において，温度 t〔℃〕，大気圧 p〔Pa〕のとき，試験管の中の気圧は大気圧に等しく，大気を押し返している気体は，捕集された酸素と水蒸気である．t〔℃〕における飽和水蒸気圧を p_w〔Pa〕とすれば，大気を押し返している酸素の圧力 p_0 は，$p_0 = p - p_w$ となる．
>
> 酸素分圧が大気圧から水蒸気圧を差し引いたものであることは，図 **4.15** に示すように試験管内部には捕集された酸素分子（○）と水面から蒸発した水分子（水蒸気●）とが共存し，これらの分子が試験管の壁面と水との界面を押していることで，大気圧とつりあいがとれていることから理解できる．
>
>
>
> 図 4.15　酸素の発生と水上置換法による捕集

4-4 実在気体

気体分子どうしの位置関係・相互作用を意識することで実際の気体の振舞いを理解しよう．

①実際の気体分子には，分子自身の大きさ，分子間力が存在する．
②理想気体の状態方程式がよく成り立つのは高温，低気圧のとき．

1 理想気体と実在気体

 理想気体と実在気体の違いが何であるかイメージしよう．

ここでは，**実在気体**（real gas）と理想気体の差異を明確にしたい．

理想気体と実在気体で等しいものが質量である．いずれの場合も，1 mol の気体の質量を測定すると，その気体の分子量が M であれば，M〔g〕の値が得られる．

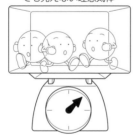 

図 4.16　理想気体と実在気体

次に，実在気体を容器内で圧縮していくとどうなるか．凝縮という現象がおきる．これは，分子間力によるもので，圧縮による空間の縮小によって分子間距離が短くなり，分子間に働いている引力がより強く作用しはじめ，複数の分子が集まり液滴を形成する．一方，分子間力のない理想気体ではこのような現象は起こらない．

また，理想気体では，分子の大きさが存在しないので1つの空間座標に無限数の気体分子が存在できるが，実在気体は，分子自身に大きさがあるので，1つの気体分子の存在する場所に，他の気体分子は存在できないのは理解できるだろう．

2　実在気体と状態方程式

理想気体の状態方程式（式（4・8））を式変形すると

$$\frac{PV}{nRT} = 1$$

となる．理想気体では，モル数，温度，圧力，体積が変化してもこれは常に1と一定であるが，実在気体では異なる．実在気体において，分子1 molが占める体積を V_m とすると

$$Z = \frac{PV_m}{RT}$$

となる．

Z は**圧縮因子**（compressibility factor）と呼ばれ，ある状態における実在気体の理想気体からのずれを示す数値になる．理想気体では $Z = 1$ である．

ある温度において圧力が低い場合には，Z の値はほぼ1であり，理想気体と同じように扱うことができるが，圧力が増すにしたがって1からずれていき（**図4.17**），高圧では Z の値は直線的に大きくなっていく（**図4.18**）．しかし，温度を高くしていくと圧力に伴う Z の増加の傾きは小さくなる傾向にある．

理想気体では，一定温度で体積を1/2倍，1/3倍としていくと，圧力は2倍，

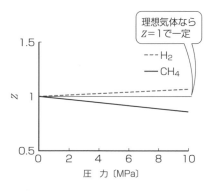

図4.17　水素，メタンの P-Z 曲線

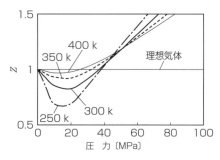

図4.18　各種温度におけるメタンの P-Z 曲線

3倍となる．しかし，実在気体には分子間力が存在し，気体の圧力である壁に衝突する力が期待されるよりも小さくなるので，体積を1/2倍にすると圧力は2倍より小さな値となり，Z値が小さくなる．さらに，気体を圧縮し体積を小さくしていくと，理想気体では計測されている体積が気体の自由に動ける空間であるが，実在気体には，分子自身に体積が存在するため，自由に動ける空間が計測される空間より小さくなっていく（図4.19）．つまり，壁に衝突する回数が増加（圧力増加）し，Z値が大きくなっていくことになる．

「気体の圧力は，気体が容器の壁に衝突する力だ」　　　　「気体の占める体積は，気体が自由に動ける空間だ」

測定する気圧＜　　　　測定する気圧＝　　　　容器の大きさ＝　　　　容器の大きさ＞
分子による衝突力の和　分子による衝突力の和　　自由に動ける空間　　　自由に動ける空間

図4.19　理想気体と実在気体における気体の体積，圧力

次に，温度を上げると分子運動が激しくなり，分子間力の影響を無視できるようになる．また，分子の移動速度が速くなることから自由に動ける空間が減少し，理想気体との衝突回数との差が小さくなるため，Zが1へと近づく．

実験例　グレアムの法則（Graham's low）による分子量測定

図4.20のように純粋な窒素をコックAを開いて（コックBは閉じる）ガラス管に導入し，水位がL_1より下がったところで，コックAを閉じる．コックBを開いて気体を流出させ，水位がL_1線を通過する時からL_2線を通過するするまでの時間T_0〔s〕を測定する．次に同様の手順で空気を導入し時間Tを測定する．

「気体の流出速度は分子量の平方根と反比例の関係がある」という気体の流出に関するグレアムの法則から，窒素と空気の流出速度をD_n，D_a，分子量をM_n，M_aとすれば，流出速度の比は

$$\frac{D_\mathrm{n}}{D_\mathrm{a}} = \frac{\sqrt{M_\mathrm{a}}}{\sqrt{M_\mathrm{n}}}$$

で示される．

この実験では，気体の流出時間が流出速度に対応するので，空気の平均分子量は

$$\frac{T_\mathrm{a}}{T_\mathrm{n}} = \frac{\sqrt{M_\mathrm{a}}}{\sqrt{M_\mathrm{n}}} \qquad M_\mathrm{a} = \left(\frac{T_\mathrm{a}}{T_\mathrm{n}}\right)^2 M_\mathrm{n}$$

のように算出される．

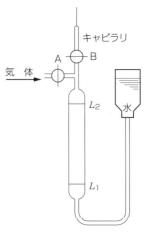

図 4.20 気体の流出速度の実験

🧪 Column 理想気体の状態方程式の補正

気体に関する実験を行った場合，実際に計測される体積 V，気圧 P は，理想気体であると仮定した場合よりも V は大きく，P は小さくなる．

1 mol あたりの気体自身の大きさに対して自由に動けなくなる体積を b 〔L/mol〕とおくと，n 〔mol〕の気体については体積は nb 〔L〕だけ大きく計測される．よって，理想気体と考えた場合の体積は

$$V - nb \ \text{〔L〕}$$

となる．b は気体の種類によって決まる値で，排除体積と呼ばれている．

一方，気圧に関して分子間力により小さくなる力は，衝突する壁の近くに存在する気体の粒子密度 n/V とその気体の内側に存在する気体の粒子密度の積に比例すると考えられるので，気体の種類による分子間力の強さに関する比例定数を a とすると，理想気体と考えた場合の気圧は以下のようになる．

$$P - a\left(\frac{N}{V}\right)^2 \text{〔Pa〕}$$

よって，これらの補正式を理想気体の状態方程式に当てはめると

$$\left\{P + a\left(\frac{n}{V}\right)^2\right\}(V - nb) = nRT$$

となる．このように気体自身の大きさと分子間力を考慮に入れた式をファンデルワールスの式という．

4-5 溶液

液体の中で分子・イオンなどの粒子が互いにどのような関係をもっているのかを理解しよう.

① 溶媒分子と溶質分子・イオンの関係で真の溶液になるかどうかが決まる.
② 固体の溶解度は,温度一定の下での溶媒 100 g 中に溶解する溶質のグラム数である.
③ 気体の溶解度は,ヘンリーの法則に従う.

1 溶媒と溶質

溶液 (solution) は,溶媒 (solvent) と溶質 (solute) からなる.たとえば,食塩水では水が溶媒,食塩が溶質ということになる.食塩を水に溶解すると強電解質 (strong electrolyte) である塩化ナトリウムは,ナトリウムイオン (Na^+) と塩化物イオン (Cl^-) に電離し,電解液 (electrolytic solution) をつくる.

 溶液中でイオンと極性をもつ水分子がどのような位置関係になるか考えよう.

このとき各イオンは極性分子である水分子とのイオン結合的な静電相互作用により,水和 (hydration) し安定な水溶液を形成する (図 4.21).水以外の溶媒においても溶質との相互作用による弱い力による溶媒和 (solvation) という同

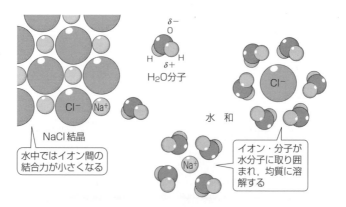

図 4.21 溶質の電離と水和

様の現象がおこり溶液は安定に存在する.

溶媒と溶質の相互作用として,水とイオンのような静電相互作用の他に,銅イオンのような遷移金属イオンが水と配位結合し**錯イオン**（complex ion）を形成することによって,より安定な状態になったり,水とアルコールのように水素結合によりすべての割合で溶解し合うことが挙げられる.アルコールの特徴であるヒドロキシル基（−OH）をもつショ糖が水によく溶けるのも同様に考えられる.一方で,水と油といわれるような物質間ではこのような相互作用が働かず,安定した均一な溶液にはならずに,二層に分離してしまう.

2 固体の溶解度

水に食塩を少しずつ加えながら溶解していくと,やがて容器の底に食塩が溶けずにたまってくる.このように一定量の溶媒に溶解する溶質の量には限りがあり,溶質をできる限り溶解した溶液を**飽和溶液**（saturated solution）という.また,飽和溶液の溶質の濃度を**溶解度**（solubility）という.

固体の溶解度は溶媒 100 g あたりに溶解する溶質の質量〔g〕で表されることが多い.固体の溶解度は,溶液の温度によって変化し,一般に温度が高いと大きくなるが,物質によってはあまり変化しないものや,小さくなるものもある.このような,温度に対する,溶解度の変化を示すグラフを**溶解度曲線**（solubility curve）という.

図 4.22 の溶解度曲線からわかるように,硝酸カリウム KNO_3 の溶解度の温度による変化は大きいため,高い温度で高濃度の溶液を作り,冷やしていくと溶けきれなくなった硝酸カリウム結晶が析出する.このとき溶液中に不純物が含まれていても,不純物濃度は小さく析出しないため,純度の高い硝酸カリウム結晶を得ることができる.このような物質の精製方法を**再結晶**（recrystallization）という.

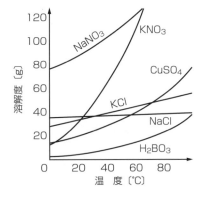

図 4.22 溶解度曲線(水 100 g 中)

組成式 $CuSO_4 \cdot 5H_2O$ で示される硫酸銅結晶など,結晶を安定に存在させるための水 $5H_2O$ にあたる**結晶水**（water of crystallization）を含む化合物の溶解度は,無水物（組成式 $CuSO_4$）の濃度で示

す．このような結晶水を含む化合物を溶解する場合は，結晶水の分だけ溶媒である水が増加し，再結晶する場合は，結晶中に水分子が取り込まれることから溶媒がその分だけ少なくなることに注意しなければならない．

例題 60℃で硫酸銅の飽和水溶液を100g調整し，溶液を20℃に冷却したところ硫酸銅結晶が析出した．何gの結晶ができたか求めよ．硫酸銅の溶解度は，60℃（40），20℃（20）である．

答 60℃の飽和水溶液と硫酸銅の量的関係は，飽和水溶液：硫酸銅 = 140：40 より，飽和水溶液100g中に硫酸銅は

$$100 \times \frac{40}{140} = \frac{200}{7} \text{ g}$$

含まれる．20℃の飽和水溶液と硫酸銅の量的関係は，飽和水溶液：溶液中の硫酸銅 = 120：20，再結晶した硫酸銅結晶の質量を w 〔g〕とすると，20℃にしたときの20℃の飽和水溶液は，$100-w$〔g〕．この飽和水溶液中の硫酸銅は

$$\frac{200}{7} - w \times \frac{160}{250} \text{ 〔g〕} \quad \boxed{\begin{array}{l} CuSO_4 \text{の分子量} = 160 \\ \hline CuSO_4 \cdot 5H_2O \text{の分子量} = 250 \end{array}}$$

なので

$$100 - w : \frac{200}{7} - w \times \frac{160}{250} = 120 : 20 \quad w = 25 \text{ g}$$

の硫酸銅結晶が再結晶する．

3 気体の溶解度

気体分子が液体状態の溶媒分子間のすき間に入っていくことをイメージしよう．

気体分子の溶解は，溶媒分子間のすき間に気体の分子が入り込み，比較的弱い分子間力によって溶媒内にとどまっているようなものである．つまり，温度が高

くなると，分子の運動が激しくなるので，溶媒分子どうしのすき間に入り込んでいる気体分子は，すき間からはじき出されることになるので，気体の溶解度は温度が高くなると小さくなる傾向がある．

次に，気体分子を水分子どうしのすき間にたくさん詰め込むことを考える．水に接する気体分子の数（密度）を増し，気圧を上げるといいことがわかるだろう．気体の溶解度は水に接する気体の圧力を大きくすると大きくなる（**図4.23**）．

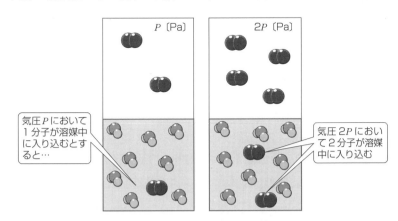

図4.23　気体の圧力と溶解

このような気体の溶解度は，ヘンリーの法則（Henry's law）「温度一定のもとで，溶解度の小さい気体が一定量の溶媒に溶けるとき，気体の溶解度（質量）はその圧力に比例する」に従う．

表4.1より，水分子との相互作用が大きいと考えられる分子間力の大きい分子の溶解度が大きいことがわかる．アンモニアや塩化水素は水溶液中で水との相互作用によってイオン種を形成するので，ヘンリーの法則には従わない．

表4.1　気体の溶解度（圧力が1.0×10^5 Pa, 水1Lに溶解する気体のモル数）

温度〔℃〕	N_2〔mol〕	O_2〔mol〕	CH_4〔mol〕	CO_2〔mol〕	NH_3〔mol〕	HCl〔mol〕
0	10.3×10^{-4}	21.8×10^{-4}	24.8×10^{-4}	7.67×10^{-2}	21.2	23.1
20	6.79×10^{-4}	13.8×10^{-4}	14.8×10^{-4}	3.90×10^{-2}	14.2	19.7
40	5.18×10^{-4}	10.3×10^{-4}	10.6×10^{-4}	2.36×10^{-2}	9.19	17.2
60	4.55×10^{-4}	8.71×10^{-4}	8.71×10^{-4}	1.64×10^{-2}	5.82	15.1
80	4.29×10^{-4}	7.86×10^{-4}	7.90×10^{-4}	1.27×10^{-2}	3.64	—

4-6 溶液の性質

溶媒分子と溶質分子間の相互作用と分子・イオンの大きさから溶液の性質を理解しよう．

① 溶液の蒸気圧はラウールの法則に従うので溶液の沸点は高くなり，凝固点は低くなる．
② 溶液の浸透圧はファントホッフの法則に従い，温度と濃度に比例する．

1 溶液の蒸気圧

 純水の表面から水分子が蒸発する様子をイメージしよう．

　水と食塩水を机の上にこぼしたとき，どちらが早く乾くだろうか．答えは，水である．図 4.24 のように，食塩水の中にはナトリウムイオンと塩化物イオンが水分子と水和しており，水分子が蒸発することを妨げている．

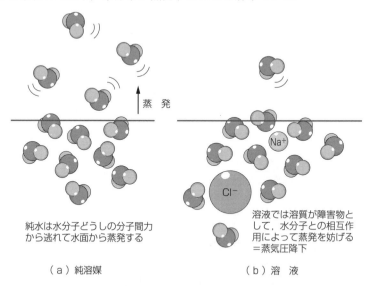

純水は水分子どうしの分子間力から逃れて水面から蒸発する

溶液では溶質が障害物として，水分子との相互作用によって蒸発を妨げる＝蒸気圧降下

（a）純溶媒　　　　　　（b）溶　液

図 4.24　純溶媒からの蒸発と溶液からの蒸発

　温度が一定のもとでは，純粋な水分子の飽和蒸気圧はある一定の値を示す．その値に比べて食塩水の蒸気圧は小さい値を示すことになる．これを**蒸気圧降下**

（vapor-pressure depression）という．この蒸気圧降下の大きさは，ラウールの法則（Raoult's law）から希薄な溶液においては溶質の粒子のモル分率に比例し，次のような式で示される．

$$p_A^0 - p_A = p_A^0 - \chi_A p_A^0 = (1-\chi_A)p_A^0 = \chi_B p_A^0$$

p_A^0，p_A は，それぞれ純溶媒および溶液の蒸気圧，χ_A，χ_B は溶媒分子および溶質分子（粒子）のモル分率を示す．

2 沸点上昇と凝固点降下

常圧のもとで純水の沸点は100℃である．このときの水の蒸気圧は外気圧に等しくなって沸騰している．それでは，水溶液ではどうであろうか．水溶液は純水に比べて同じ温度において，蒸気圧降下が生じる．つまり，水溶液では水の沸点である100℃において外気圧よりも低い蒸気圧になっており，外気圧と同じ蒸気圧を示し沸騰させるには，さらに加熱をし，より高い温度にしなければならない．これを**沸点上昇**（elevation of boiling point）という．

異なる濃度の溶液の蒸気圧曲線を図 **4.25** に示す．曲線 A_0，A_1，A_2 はそれぞれ不揮発性の溶質 B のモル分率が 0，χ_B^1，χ_B^2 のときの溶液の蒸気圧曲線である．T_0，T_1，T_2 はそれぞれの溶液の沸点を示す．

図 **4.25** において△abc と△ade は相似と考えられるので，各辺は，$\overline{ac}:\overline{ae}=\overline{ab}:\overline{ad}$ となる．これらの比を温度と蒸気圧の関係になおすと

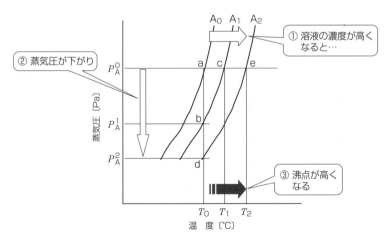

図 4.25 蒸気圧降下と沸点上昇

$$\frac{T_2 - T_0}{T_1 - T_0} = \frac{P_A^0 - P_A^2}{P_A^0 - P_A^1}$$

となる．つまり，沸点上昇度 ΔT は，蒸気圧降下度 ΔP_A に比例することを意味する．比例定数を k とすれば

$$\Delta T = k\Delta P_A \tag{4・15}$$

である．また，蒸気圧降下の変化量 Δp_A と溶質 B の濃度には

$$\Delta p_A = p_A^0 - p_A = \chi_B p_A^0 \tag{4・16}$$

の関係が成り立つので，式（4・15）と式（4・16）より

$$\Delta T = k\chi_B p_A^0 = k\left(\frac{n_B}{n_A + n_B}\right)p_A^0 \tag{4・17}$$

となる．n_A, n_B はそれぞれ溶媒 A のモル数，溶質 B のモル数である．希薄溶液では，$n_A \gg n_B$ なので，$n_A + n_B \fallingdotseq n_A$ となり式（4・17）は

$$\Delta T = k\left(\frac{n_B}{n_A}\right)p_A^0 \tag{4・18}$$

となる．いま，分子量 M_A の溶媒 1 kg に，溶質を n_B〔mol〕溶解したとすると，式（4・18）は

$$\Delta T = kp_A^0 n_B \bigg/ \left(\frac{1\,000}{M_A}\right) = kM_A p_A^0 \left(\frac{n_B}{1\,000}\right) = k_b C_w$$

のように変形できる．定数 k_b は溶媒に固有な定数で**沸点上昇定数**（ebullioscopic constant），濃度 C_w は溶質 1 kg あたりの溶質の濃度であり質量モル濃度という．つまり，沸点上昇の大きさは，質量モル濃度に比例することになる．

一方，食塩水の凝固点が水より低いのはよく知られるところである．これを凝固点降下という．これは溶質によって溶媒分子どうしが規則正しい配置をとって固体結晶になろうとする動きを妨げるということでイメージできる．**図 4.26** は，純溶媒と濃度の異なる溶液の蒸気圧曲線と固体になった溶媒の蒸気圧曲線（曲線 abd）である．溶液の蒸気圧曲線と固体になった溶媒の蒸気圧曲線が交わる点が，凝固点となる．図より溶液の濃度が大きくなると凝固点降下の変化量が大きくなることがわかる．溶液の濃度とこの凝固点降下の変化量の関係は，上述した沸点上昇と同様に考えることができるので

$$\Delta T = k_f C_w \tag{4・19}$$

という関係式が得られる．式中の比例定数 k_f は，**凝固点降下定数**（cryoscopic constant）とよばれ，溶媒に固有の値をとる．

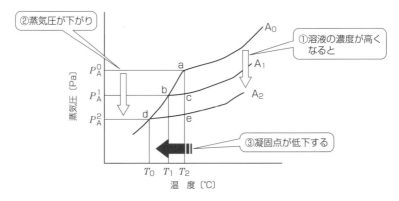

図 4.26　純溶媒と溶液の凝固点付近の蒸気圧曲線

> **Column　融雪剤**
>
> 冬に道路やグラウンドに白い粉が撒かれていることがある．この粉は融雪剤と呼ばれ，凍結防止のために撒かれた塩化カルシウムの粉末である．溶液の凝固点は溶液中に存在する溶質の粒子（分子，イオン）の数が多くなると低くなる．塩化カルシウムは，水に溶解すると
>
> $$CaCl_2 \longrightarrow Ca^{2+} + 2Cl^-$$
>
> のように3つのイオンに電離するので，効率よく凝固点降下を引き起こし，0℃では水や雪が凍結しなくなる．

3　浸透圧

　図 **4.27** のようにデンプン溶液をセロハン膜で水と仕切ると，デンプン溶液の水位が上昇しある高さで止まる．このとき水分子は図 **4.28** のようにセロハン膜にあいている小さな孔から拡散していき，デンプン溶液中に入り込む．一方，デンプン分子は大きいので水の通過した孔を通りぬけられないことからこのような現象がおこる．膜を通過して粒子が拡散する現象を**浸透**（osmosis）という．また，溶媒分子は通すが溶質分子を通さない膜を**半透膜**（semipermeable membrane）という．

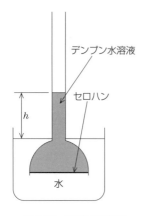
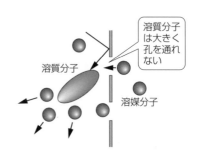

図 4.27　浸透圧の実験　　　　図 4.28　半透膜と溶媒分子

　図 4.27 のような実験では溶液の水位が上昇した分 h だけの溶液の重さを溶液側が支えていることになる．この力は水側から溶液側に浸透する水分子の移動の力に相当し，この力を**浸透圧**（osmotic pressure）と呼ぶ．

　一般に希薄溶液の浸透圧はその溶液の濃度と絶対温度に比例する．浸透圧を Π，溶液のモル濃度を C〔mol/L〕，溶液の温度を T〔K〕，比例定数を R（R は実験結果より気体定数と同じことが分かっている）とすると

$$\Pi = CRT$$

となる．この関係式をファントホッフ（van't Hofff）の法則という．

　また，溶液の体積を V〔L〕，溶質粒子のモル数を n〔mol〕とすると

$$\Pi = \frac{n}{V}RT$$

つまり，$\Pi V = nRT$ となり気体の状態方程式と同じ式が導かれる．このことから，理想溶液（分子間に作用する力が溶液全体にわたって均一であると仮定した溶液）の挙動は，理想気体の挙動と同等であることがわかる．

　分子量を求めにくい高分子も，高分子の希薄溶液の浸透圧を測定することで導きだせる．

Column 海水の淡水化

　半透膜をへだてて希薄溶液と濃厚溶液を接すると，溶媒分子が濃厚溶液に浸透移動するため，溶液間に圧力差である浸透圧が生じる．そこで，濃厚溶液側から浸透圧よりも大きな力をかけると，浸透方向と逆方向に溶媒分子が移動することになる．この現象を逆浸透と呼ぶ．

　このような逆浸透を利用すると，半透膜を通して海水から水を効率よく取り出すことができ，その水は飲料水として利用できる．一方で，海水は濃縮されるので有用なさまざまな塩類を得ることができる．実際の分離膜は図 **4.29**（a）のようなモジュールになっており，左側の端板から海水を供給し，モジュールの中で水が浸透分離され，透過水（淡水）は中心パイプに集められる．円筒形のエレメントの逆側から淡水と濃厚な海水が流出してくる（図 **4.29**（b））．

（a）外　観

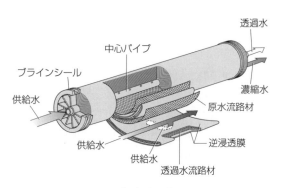

（b）水の流れ

図 4.29　逆浸透モジュール（東レ逆浸透膜エレメント：東レ株式会社提供）

4-7 コロイド溶液

ある程度の大きさの粒子が液体に分散し、沈殿を生じないような溶液の性質について考えよう.

① 分散している粒子をコロイド粒子といい、その大きさは直径数 nm〜100 nm の粒子である.
② コロイド粒子は電荷を有するので凝集しにくい.

1 コロイド溶液とは

 コロイド粒子の大きさを感じよう. Na^+（0.1 nm 程度）の直径をパチンコ玉とすると、コロイド粒子は、どのくらいの大きさになるか考えよう（図 4.30）.

　食塩水や砂糖水のように小さなイオンや分子が溶媒と溶媒和している溶液を真の溶液というのに対し、比較的大きな直径数 nm〜100 nm（10^{-9}〜10^{-7} m）の粒子を**コロイド粒子**（colloidal particle）といい、コロイド粒子を含む溶液を**コロイド溶液**（colloidal solution）または、**ゾル**（sol）という.

　一般にコロイド粒子が分散した状態、あるいはその物質を**コロイド**（colloid）といい、分散しているコロイド粒子を**分散質**（dispersoid）、コロイド粒子を分散させている物質を**分散媒**（disperse medium）という. コロイド溶液の分散質が固体のものを**懸濁液**（suspension）、液体のものを**乳濁液**（emulsion）という. また、煙や霧などは空気が分散媒になってなっており、このようなものが**エーロゾル**（airosol）である. ゼラチンや寒天の水溶液のように巨大分子 1 個がコロイド粒子になる物質を**分子コロイド**（molecure colloid）という. これらが固まってゼリー状になったものを**ゲル**（gel）という.

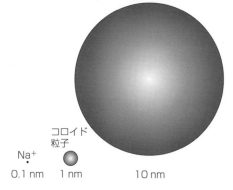

図 4.30 コロイド粒子の大きさ

2　コロイド溶液の性質

1　透　析

コロイド粒子の大きさは，セロハンなどの半透膜を通過することができない大きさである．コロイド溶液を半透膜の袋で包んで純水に入れておくとイオンや小さな分子は袋から外に出て行き，コロイド溶液が精製される．このような操作を**透析**（dialysis）という（**図 4.31**）．腎臓では，老廃物をこのようなシステムでろ過しており，人工透析では中空糸膜を利用して同様のろ過を行っている．

2　チンダル現象

コロイド溶液に強い光をあてるとコロイド粒子にあたった光が乱反射して，その光が目にとどくため，光路が見える．これが**チンダル現象**（Tyndall phenomenon）である．窓から光が差し込むとほこりが輝いて光路が見えるのも同じ原理である．

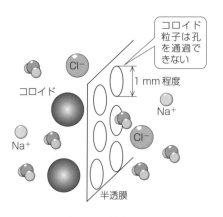

図 4.31　透析の原理

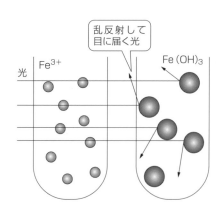

図 4.32　チンダル現象

> **Column　膜分離**
>
> 膜分離は，分離するものの大きさに対応する細孔をもった膜を利用してろ過を行うことで，普段実験で用いるろ紙だと $1\,\mu m$ 以上の粒子をろ過できる．精密濾過といわれる $0.1\,\mu m$ 程度まではミクロンフィルタ，$10\,nm$ 程度までは限外ろ過膜，そして数 nm 程度までに用いられるのが透析膜である．$1\,nm$ より小さいものは膜の穴を電子顕微鏡でも確認が困難であるため，非多孔質膜と呼ぶ．現在，さまざまな径の細孔をもつ膜がある．

3 凝析と塩析

コロイド溶液に電極を入れて大きな直流電圧をかけると，どちらかの電極にコロイド粒子が集まる．このような現象を**電気泳動**（electrophoresis）というが，これはコロイド粒子が電荷を有していることを示す現象である．

> 電荷を有しているコロイド粒子どうしが溶液中でどのような相互作用をしているのかイメージし，凝集させるにはどうすればよいかを考えてみよう．

同一のコロイド粒子であれば同じ電荷をもつことになるので，クーロン斥力によりコロイド粒子は**凝集**（aggregation）することなく，安定に分散することになる．このようなコロイド溶液に電解質を溶解するとコロイドの電荷が中和され，凝集するようになる．疎水コロイドは少量の電解質で沈降させることができ，これを**凝析**（coagulation）という（図4.33）．一方，水と親和力があり水和している親水コロイドを沈降させるためには，多量の電解質を加え，コロイド粒子のまわりを取り囲んでる水分子を電解質のイオン種が奪いとらなければならない．このような操作を**塩析**（saltingout）という（図4.34）．

また，沈殿しやすい**疎水コロイド**（hydrophobic colloid）のまわりを親水コロイドで包むとコロイド粒子が安定化し，凝析しにくくなる．このような保護作用をするコロイドを保護コロイド（protective colloid）と呼ぶ．たとえば，墨汁に

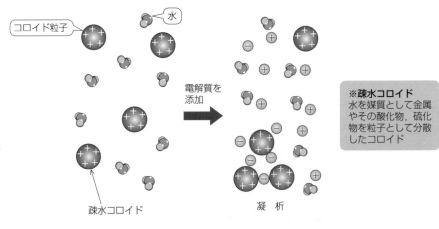

図 4.33 疎水コロイドと凝析（$Fe(OH)_3$ の場合）

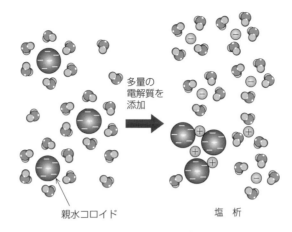

図 4.34 親水コロイドと塩析(ゼラチンの場合)

おける炭素粒子を取り囲むにかわが保護コロイドである.

4 ブラウン運動

一般に，光学顕微鏡では試料に光をあてその透過光か反射光を観察するが，コロイド粒子の大きさはその分解能（200 nm 程度）よりも小さく見ることはできない．しかし，コロイド溶液に斜め方向から光をあてるとコロイド粒子が光を散乱する．その散乱光を観察する**限外顕微鏡**（ultramicroscope）でコロイド溶液を見ると，コロイド粒子の不規則な運動が観察される．この運動を**ブラウン運動**（Brownian motion）という．ブラウン運動は，熱運動している分散媒分子がランダムにコロイド粒子に衝突することで生じ，コロイド粒子が沈殿せずに分散する要因にもなっている．

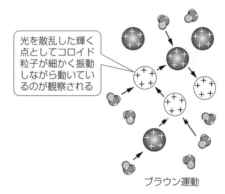

図 4.35 ブラウン運動

Column　浄水場での応用

河川水の微細な粒子（泥）の除去に凝析が利用されている．河川水に，硫酸アルミニウム（$Al_2(SO_4)_3$）を入れることで電荷の大きな Al^{3+} が負のコロイド粒子を効果的に沈降させ，澄んだ水を作り出すことができる．

章末問題

問題 1 27℃で 9.80×10^4 Pa で 10.0 L の窒素について標準状態（0℃，1.013×10^5 Pa）での体積 V〔L〕を求めよ．

問題 2 27℃で容積 18.0 L の容器に気体を 1.013×10^5 Pa 充填したとき，容器内の気体の物質量 n〔mol〕を求めよ．

問題 3 10 L の容器に，0℃，5.0×10^4 Pa の乾燥空気（酸素：窒素 = 1：4）が入っている．この容器内に，0℃，1.0×10^5 Pa のメタン 0.20 L を注入した．この容器内で気体を燃焼させた後の 0℃における各気体の分圧を求めよ．ただし，水の蒸気圧は無視する．また，27℃にすると全圧は何 Pa になるか．ただし，この 27℃における水の飽和蒸気圧は 3.6×10^3 Pa である．

問題 4 60℃のシュウ酸飽和水溶液 100 g を 20℃に冷やした．析出するシュウ酸結晶（2水和物）は何 g か．ただし，60℃，20℃におけるシュウ酸の溶解度は 30，9 とし，シュウ酸の分子量を 134，シュウ酸結晶（2水和物）の分子量を 170 とする．

問題 5 ベンゼン 500 g の蒸気圧は 60.6℃で 5.3×10^4 Pa である．これにある不揮発性有機化合物 19.0 g を溶解したところ，蒸気圧が 4.9×10^4 Pa になった．この有機化合物の分子量 M を求めよ．

問題 6 人の涙の浸透圧は，37℃で 7.8×10^5 Pa である．この涙と等しい浸透圧のブドウ糖水溶液のモル濃度 C を求めよ．

問題 7 尿素 1.80 g を水に溶解して 1.00 L にした水溶液の浸透圧は 30℃で 7.6×10^4 Pa であった．尿素の分子量 M を求めよ．

第5章
化学反応と反応速度

　ここまでの章では，物質のことを考えるための「決まり」のようなものを学んだ．これらの「決まり」は，世界共通で，私たちはちょうど音楽の楽譜の書き方を学んだところといえる．
　本章では，いよいよ化学反応する様子を頭の中で映画のように上映できるようになるために，物質が反応するときのイメージの中心となる事柄について簡潔に学ぶことにしよう．楽譜と違うキーの音をうっかり出さないようにするために，しっかりと，順番に沿って，正確に理解し，イメージするような指示があるところは，実際に自分自身の頭の中で映像化しながら学習を進めるようにしよう．

5-1 化学反応と熱

化学反応は，分子を構成している原子と原子の結合の組換えである．結合の組換えには，どのようにエネルギーの変化を伴うのか考えてみよう．

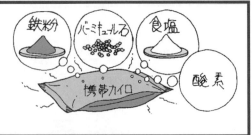

①化学反応において生成物と反応物のもつエネルギーの差を反応熱と呼ぶ．
②反応には，発熱反応と吸熱反応がある．

1 化学反応と熱

 いろいろな反応について，反応の際にどのようにエネルギーが使われているのかを考えながら反応の映像がつくれるようになろう！

　ガスを燃やすと熱が出て，それを使って調理をしたり，湯を沸かしたりすることができる．このガスは炭化水素で，燃えると酸素と反応して二酸化炭素と水が生成し，その時に出る熱を利用している．
　まず，2つの分子が反応する場合の様子を次の手順で映像化してみよう．
① 2つの分子 ●● と ○○ を思い浮かべてみよう．
② この2つの分子が，反応し，生成物 ○● となる．
③ この変化のためには，●● と ○○ が，一度 ● ● と ○ ○ に結合が分かれてから再び結合が組み換わる必要がある．

反応とは，このような結合の組換えである．この時のエネルギーを考えると次のようになる．最初の変化，すなわち，以下の変化は，結合の切断である．

この変化を起こすためには，一般的にエネルギーの吸収が必要である．
　2番目の変化，すなわち，以下の変化は，再結合による新たな結合の形成である．

この変化では，一般的にエネルギーの放出がおこる．

2 発熱反応と吸熱反応

ある物質が反応するとき，切断される結合の種類や数，さらに新しく形成される結合の種類や数によって，外界へエネルギーを放出するか，外界からエネルギーを吸収するかのいずれかが起こる．化学反応について考察する場合は，これらのことを考慮するとその現象を理解しやすい．

外界へエネルギーを放出する反応を**発熱反応**（exothermic reaction）という．身の回りの化学変化の多くは，発熱反応である．発熱反応が起こると温度が上がる．一方，外界からエネルギーを吸収する反応を**吸熱反応**（endothermic reaction）という．吸熱反応が起こると温度は下がる．起こった反応が，**発熱反応か吸熱反応であるか**はどのように決まるのだろうか．反応物の結合が切れるための吸熱より，新しい結合ができるときの発熱が多い場合は，全体として発熱反応になり（**図 5.1**），新しい結合ができるときの発熱の方が少ない場合は，全体として吸熱反応になる．

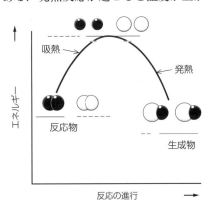

図 5.1　吸熱より発熱が多い反応（発熱反応）

以上のように，化学反応にともなって，反応系と外界との間でエネルギーが交換される．これを熱量で示したものを**反応熱**（reaction heats）と呼ぶ．反応の種類によって反応熱には，生成熱，燃焼熱，中和熱，溶解熱などがある．

> **Column　反応熱について**
>
> それぞれの物質のもつエネルギー（物質に内在するエネルギー）をその物質の**エンタルピー**（enthalpy：H）と呼んでいる．H は，熱含量とも呼ばれている．反応熱は，化学反応の結果生じたエンタルピー変化（ΔH）で，生成物のエンタルピーの総量から反応物のエンタルピーの総量を差し引いたものと定義されている．

5-2 熱化学方程式とヘスの法則

反応熱を含む化学反応式の扱い方を理解しよう．

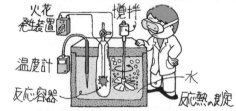

① 反応熱を含む化学反応式を熱化学方程式と呼ぶ．
② 熱化学方程式は，一般の方程式と同様に計算することが可能である．
③ ヘスの法則を用いると実測困難な反応の反応熱を計算によって求めることができる．

1 熱化学方程式

化学反応に伴う反応熱を明示した化学反応式を**熱化学方程式**（thermochemical equation）と呼ぶ．反応熱の大きさは，右辺に記す．発熱の場合は＋，吸熱の場合は－で表す．また，反応に関与するそれぞれの物質の化学式の後にその物質の状態を必ず明記し，さらに必要な場合はその反応の温度も記す．圧力については，特に示されていない場合は，1 atm における定圧反応である．

 いろいろな熱化学方程式について，以下の例題を通じて取扱いに慣れよう．

 ＜熱化学方程式の記述＞
25℃，1気圧で，1 mol の黒鉛（炭素）が燃焼して酸素と反応し，二酸化炭素を生じるとき，394 kJ の熱が放出される．この化学変化を反応熱を含む式で書け．

答 反応物質を左辺に，生成物を右辺に書く．生成物に続けて反応熱を発熱の場合は＋，吸熱の場合は－をつけて記載する．また，反応物質や生成物の状態によって反応熱の熱量も異なるので，気体（g），液体（l），固体（s）などの添え字もつける．

$$C(s) + O_2(g) = CO_2(g) + 394 \text{ kJ}$$

前記の例題のように反応熱は通例，1 mol 当たりの熱量で表す．実際の実験は，いつも 1 mol のスケールで行われるとは限らない．しかし，1 mol の物質が得られるときの反応熱がわかっていれば，他のスケールの実験における発生する熱量または吸収される熱量を求めることができる．

＜さまざまなスケールでの反応熱の計算　その1＞
　気体の水素と気体の酸素が反応して 1 mol の水が生成するとき，286 kJ の熱が発生する．2 mol の水が生成するときの熱化学方程式を書け．

答　　$H_2(g) + 1/2 O_2(g) = H_2O(l) + 286\ kJ$

1 mol の場合に発生する熱量 286 kJ を 2 倍して以下の式となる．

$2H_2(g) + O_2(g) = 2H_2O(l) + 572\ kJ$

＜さまざまなスケールでの反応熱の計算　その2＞
　気体の水素と気体の酸素が反応して 288 g の水が生成するとき，発生する熱量を求めよ．

答　　1 mol の水ができるときの発生する熱量 286 kJ として，まず，288 g の水が何 mol かを求める．

水の分子量を 18 とすると

$$\frac{288}{18} = 16\ \text{mol}$$

となる．1 mol のときの発生量の 16 倍なので

$286 \times 16 = 4\,576\ kJ$

2 ヘスの法則

反応によっては，その反応の反応熱を直接求めることができない場合も考えられる．ヘス（Germain Henri Hess，スイス）は，1840年に「化学反応の熱は，反応の経過のいかんにかかわらず，等しい」ことを見出した．熱化学方程式をヘスの法則に当てはめながら代数方程式のように用いて計算することによって，実験的に求めることが不可能な反応熱を求めることが可能となる．以下に例を示す．

一酸化炭素の生成熱は，黒鉛と酸素との反応から実験的に求めようとすると，二酸化炭素の副生によって正確に測定することが極めて困難である．

$$C(s) + 1/2 O_2(g) = CO(g) + ? \text{ kJ}$$

この場合，以下の実験結果がわかっていると計算によって生成熱を求めることができる．

$$C(s) + O_2(g) = CO_2(g) + 394 \text{ kJ} \cdots\cdots ①$$
$$CO(g) + 1/2 O_2(g) = CO_2(g) + 283 \text{ kJ} \cdots\cdots ②$$

①，②式を方程式のように移項して計算すると

$$
\begin{array}{r}
C(s) + \cancel{O_2}^{1/2 O_2}(g) = \cancel{CO_2(g)} + 394 \text{ kJ} \\
\cancel{CO_2(g)} = CO(g) + 1/2 O_2(g) - 283 \text{ kJ} \\
\hline
C(s) + 1/2 O_2(g) = CO(g) + 111 \text{ kJ}
\end{array}
$$

となり，一酸化窒素の生成熱は，1 mol あたり 111 kJ の発熱があることが求まる．

例題 気体の塩化水素は，水素ガスと塩素ガスを 298 K で反応させることによって合成される．この反応は，激しい発熱反応で，反応熱は，184 kJ/mol である．以下の結果を用いて，塩素原子と水素原子が再結合する際の反応熱を計算せよ．

$$H_2(g) + Cl_2(g) = 2HCl + 184 \text{ kJ/mol}$$

水素が原子に分解される反応

$$H(2 g) = 2H(g) - 436 \text{ kJ/mol}$$

塩素分子が原子に分解される反応

$$Cl_2(g) = 2Cl(g) - 242 \text{ kJ/mol}$$

答 塩素原子と水素原子が再結合する際の反応熱を x とする．
$$H(g) + Cl(g) = HCl(g) + x \text{ kJ/mol}$$
ヘスの法則によって計算すると
$$184 = 2x - (436 + 242)$$
$$x = 431 \text{ kJ/mol}$$

例題 次の 2 つの経路 (1)，(2) によって塩化アンモニウム水溶液を調製することができる．各経路のアンモニアと塩化水素からの塩化アンモニウム水溶液調製の反応熱が等しいことを示し，ヘスの法則が成立していることを証明せよ．

(1) $NH_3(g) + HCl(g) = NH_4Cl(s) + 176.8 \text{ kJ}$ ……①-1
　　$NH_4Cl(s) + (aq) = NH_4Cl(aq) - 16.4 \text{ kJ}$ ……①-2
(2) $NH_3(g) + (aq) = NH_3(aq) + 35.3 \text{ kJ}$ ……②-1
　　$HCl(g) + (aq) = HCl(aq) + 72.6 \text{ kJ}$ ……②-2
　　$NH_3(aq) + HCl(aq) = NH_4Cl(aq) + 52.5 \text{ kJ}$ ……②-3

答 経路 (1) について，式①-1＋式①-2，経路 (2) について，式②-1＋式②-2＋式②-3 から計算すると，いずれの場合も
$$NH_3(g) + HCl(g) + (aq) = NH_4Cl(aq) + 160.4 \text{ kJ}$$
となる．よって，発生する熱量は，途中の経路に無関係であるので，ヘスの法則が成立している．

🧪 Column　エンタルピー変化，エントロピー変化，ギブズエネルギー変化

化学変化が進む様子をもっとイメージしてみよう．

熱化学方程式は，化学変化にともなう熱の出入を直感的に表すのに都合のよい方法として，かつては広く用いられていた．しかし，熱化学方程式は，次元の異なるものを同一の等式のなかにまとめて表現していることもあり，実際にはほとんど用いられていない．

そこで実際に合わせて，エンタルピー変化，エントロピー変化，ギブズエネルギー変化を用いて考えてみよう．

◎エンタルピー変化

5-2 の例題で扱ったように黒鉛の燃焼は，熱化学方程式では以下のように表した．

$$C(s) + O_2(g) = CO_2(g) + 394 \text{ kJ}$$

この式について，反応式とエネルギーの収支を分けて表してみよう．

反応熱を（反応熱）＝（生成系のエネルギー）－（原系のエネルギー）とすると

$$C(s) + O_2(g) \rightarrow CO_2(g)：反応熱 = -394 \text{ kJ}$$

この反応熱は，結合の組み換え（切断と生成）や状態の変化にもとづくエネルギー収支を表していて，エンタルピー変化（ΔH）と呼ばれている．記号 Δ（デルタ）は，ある量につき，右辺（生成物）の値から左辺（反応物）の値を引くことを意味している．

ここで，エネルギー量の符号の正負が入れ替わっているが，熱化学方程式では外部から見たエネルギーの変化を扱っているが，エンタルピー変化は内部から見た変化を扱っているためである．

この反応は，発熱反応で，ΔH は負になる（吸熱反応では正の値をもつ）．このエンタルピー変化（ΔH）が負で絶対値が大きいほど，反応はその方向に進みやすくなる．

◎エントロピー変化

では，吸熱反応の場合は反応が自然に進むことはないのだろうか．

身近な例を見てみよう．食塩（NaCl）はかなり水によく溶ける（すなわち，ある程度まで自発的に進行する）．では，標準状態（25℃，1 atm）における NaCl 結晶の溶解のエンタルピー変化は，$\Delta H = 3.8 \text{ kJ/mol}$ であるのでこの変化は吸熱である．この食塩の溶解は，粒子が可能な限り広い空間に散らばろうとするエネルギーの変化が大きいために起こっている．このようなエネルギーは，粒子の秩序を保つエネルギーで，エントロピー（S）で表される．エントロピーは，J/(K・mol) で，物質に固有で，状態ごとに決まる値である．食塩の溶解のエントロピー変化は，$\Delta S = 43 \text{ J/(K・mol)}$ である．

S に絶対温度 T（K）をかけると J/mol となる．この $T\Delta S$ が正で大きいほど変

化は起こりやすくなる．

◎ギブスエネルギー変化

　食塩の溶解は，吸熱反応であるがある程度は自発的に進行する．このことを式で表すと

$$\Delta G = \Delta H - T\Delta S$$

となる．この ΔG をギブスエネルギー変化と呼び，この量が化学変化や物理変化の向きを決めている．$\Delta G<0$ となる向きに進む．

　食塩の溶解の場合は，以下のようになる．

$$\Delta G = \Delta H - T\Delta S = 3.8\,\mathrm{k} - (25+273.15)43 = -9\,020.45\,\mathrm{J/mol}$$
$$= -9.0245\,\mathrm{kJ/mol} \fallingdotseq -9.0\,\mathrm{kJ/mol}$$

したがって，$\Delta G<0$ となり，自発的に進行することがわかる．

　吸熱反応といえば，冷却パックを作る実験は，化学普及にも広く用いられる実験で，簡単にできるテーマである．すなわち，尿素や硝酸アンモニウムをチャック付ポリ袋に入れて，さらにそこに水の入った袋を入れてチャックを閉じる．水の入った袋を強くたたいて袋が破けると，尿素や硝酸アンモニウムの溶解が始まり，冷たくなるというものである．

　食塩の場合と同様に ΔH は正の値を示して吸熱反応であるが，$T\Delta S$ の値が正で大きいため $\Delta G<0$ となって，自発的に進行し，かなり冷たくなる．

　より詳しく知りたい場合は，下記の文献が参考になる[*1]．

[*1] 渡辺　正，今井　泉，片江安巳，志賀裕樹，貝谷康治，金綱秀典，中島哲人，鍵　裕之，岸田　功，山田哲弘，新版化学Ⅱ，大日本図書，2008, 94-95.

5-3 反応の速度

化学反応には，速く進む反応と遅い反応がある．このことは，反応に速度があることを表している．反応の速度がどのような量なのかを反応を映像化しながら考えよう．

①化学反応には，速度がある．
②反応の速度は，単位時間あたりのモル濃度の変化である．

1 反応速度

 反応の速度 (reaction rate) とはどのような量なのか考えてみよう！

　火薬の爆発は，火薬の酸化反応が瞬間的に進んで起きる，大変速い反応速度をもった反応である．一方，鉄がさびるのは，鉄の酸化反応であるが，この反応は，非常に遅い反応で，長い時間をかけて進行する．このように，化学反応には「速度」がある．「速度」というと，自動車の速度を表す velocity がよく知られている．これは，運動の速さと方向を示す量である．反応の速度も，このような量で表されるのであろうか？

　炭酸水素ナトリウムの 50℃ の水溶液中での分解について，炭酸水素ナトリウムの濃度を経時的に測定して調べた．結果は図 **5.2** のようになった．

　この反応における t_1 秒後から t_2 秒後の平均反応速度 $\bar{v}$ は反応物質のモル濃度 C を用いて次のように表される．

$$\bar{v} = \frac{C_2 - C_1}{t_2 - t_1}$$

　さらに，ある時間 t における瞬間の反応速度は次のように表される．

$$v = \frac{dC}{dt}$$

　これは，ある時間 t における接線の傾きである．

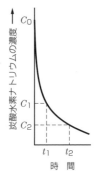

図 5.2　炭酸水素ナトリウムの分解

化学反応の速度は，前記のように**単位時間あたりの反応物質（または生成物）のモル濃度の変化**によって表される．多くの化学反応における反応物の濃度の変化は，図 5.2 のように曲線を描き，直線的ではない．すなわち，最初のうちは，曲線は急勾配となり速度は大きいが，時間が経つと曲線の勾配は穏やかになり速度は小さくなる．時間 t での曲線の接線の傾きがその時間 t における反応物の濃度の減少速度となる．数学的には，反応物の濃度対時間のプロットについての一次微分である．生成物の濃度からも同様に速度を求めることができる．

> ### Column 実験による反応速度の決定例
>
> 2-ブロモ-2-メチルプロパンの加水分解反応について考察しよう．
>
> $$(CH_3)_3CBr + H_2O \longrightarrow (CH_3)_3COH + H^+ + Br^-$$
>
> この反応では，2-ブロモ-2-メチルプロパンに対し，水は大過剰存在している．したがって，反応の進行と共に大きく変化するのは 2-ブロモ-2-メチルプロパンの濃度である（図 5.3）．初濃度 a mol/dm^3 の 2-ブロモ-2-メチルプロパンが，時間 t の後に x mol/dm^3 反応したとすると残りは $(a-x)$ mol/dm^3 である．生成物である 2-ヒドロキシ-2-メチルプロパンの生成速度は，その瞬間の 2-ブロモ-2-メチルプロパンの濃度に比例するので
>
> $$\frac{d[(CH_3)_3CBr]}{dt} = k(a-x)$$
>
> となり，変数を分離して両辺を積分すると
>
> $$\frac{1}{(a-x)}dx = kdt$$
>
> $$\int \frac{1}{(a-x)} = \int kdt$$
>
> $$-\ln(a-x) = kt + C$$
>
> となる．C は，積分定数で，$t=0$ のとき $x=0$ であるから，$C=-\ln a$
>
> $$\ln \frac{a}{a-x} = kt$$
>
> の関係が求まる．ここで，k は反応速度定数と呼ばれる．

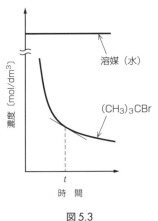

図 5.3

5-4 化学反応速度論

最も基本的な設定で，反応物が化合して生成物を与えるまでの様子を考察して，頭の中でその様子を映像化できるようにしよう．

①化学反応の最も基本となるのは，衝突である．
②化学反応は，活性錯合体という高いエネルギー状態を経て進む．
③化学反応の速度は，濃度，温度，触媒によって支配される．

1 化学反応速度論

 まず始めに，2つの分子が反応する場合の様子を想像してみよう．反応が進むために必要なことは，以下の通り．

① 2つの分子が出会わなければならない．すなわち，互いに衝突しなければならない．

② 2つの分子は，ちょうどよい方向，すなわち，結合の組換えが容易に行えるように近づかなければならない．

③ さらに，2つの分子は，結合の組換え，すなわち，反応が起こるのに十分なエネルギーを持っていなければならない．

 ①から③について，穴の開いた丸い分子 ◯ と尖った分子 △ を思い浮かべて，イメージ（これが反応の映像化の第1歩）しよう．

2つの分子は，自由に衝突できる．

  → →

しかし，丸い分子の穴に尖った分子がきっちり刺さるのは，ちょうどよい方向から，穴の奥まで刺さるのに十分なエネルギーをもって衝突したときのみである．

  →

化学反応速度論（chemical kinetics）では，化学反応が，どのような過程を経

てどれくらいの速度で進行するのかを取り扱う．前記でイメージしたことを化学の言葉で整理すると以下のようになる．

　反応が進行するには，ある最小のエネルギーが必要となる．エネルギーは，一般に「高い」,「低い」といった言葉で表現されることが多い．エネルギーをもつ，すなわちエネルギーを吸収すると「その物質は，エネルギー準位が高くなった」といわれる．逆にエネルギーを放出すると「その物質は，エネルギー準位が低くなった」という．この表現を使うと，「2つの分子が反応するためには，エネルギーを得てある高さまで準位を上げなければならない」といえる．このような状態になった2つの分子を**活性錯合体**（activated complex）と呼び，活性錯合体になるために必要な最小量のエネルギーを**活性化エネルギー**（activation energy）という．活性化エネルギーの「障壁」をのり越えて反応は進行する（図5.4）．

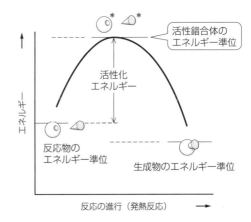

図 5.4　活性化エネルギー

2　反応速度を支配する因子

　反応するためには，分子どうしがまず衝突しなければならない．単位時間当たりの衝突回数を増やすことができると，さきほどの丸い分子に，尖った分子が突き刺さる確率が増えて，反応が進みやすくなる．では，どのような場合に衝突回数が増えるか考察したい．丸い分子 ◯ と尖った分子 ◁ が10個ずつ密閉容器の中を自由に動き回っている様子をイメージし，反応速度を支配する因子について考察する．

●1　濃度の影響

　同じ個数が入っていても，入れ物が小さいほど，すなわち濃度が濃いほど，衝突が起こりやすくなるため，反応しやすくなる．したがって，反応速度は速くなる（図5.5）．

●2　温度の影響

　反応に温度の及ぼす影響は，2つのことが考えられる．まず，温度が高くなる

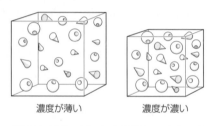

図 5.5 濃度の違いによる衝突のイメージ

と分子のエネルギーは高められ，より速く動き回るために衝突が起こりやすくなる（図 5.6）．さらに，より多くの分子が活性化エネルギーを獲得することになる．これらのことによって，反応速度は速くなる．

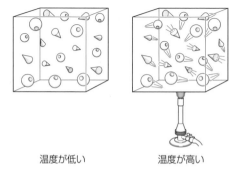

図 5.6 温度を高くすると運動が激しくなる

3 触媒の影響

触媒とは，活性化エネルギーがより低くなるように反応経路を変更させることができる物質である．触媒との新しい活性錯合体が形成されることで，乗り越えるべき障壁が低くなるので，反応に有効な衝突の機会が増す．その結果反応速度は，速くなる．触媒は，反応後も変化せず，再利用される（図 5.7）．

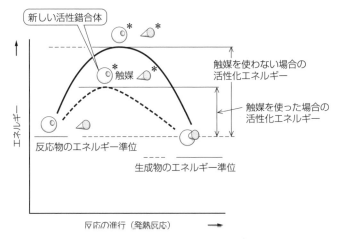

図 5.7　触媒の効果

Column　自動車のマフラー

　自動車のマフラーは，排ガス中の有害成分を無害な成分に変換するための装置のこと．有害成分とは，一酸化炭素・炭化水素・**NOx**のことで，それらを浄化するためには，排気口から出る前に，炎を上げて燃やすことなく，さらに穏やかな条件で酸化することが必要となる．この困難な課題を可能にしているのが**触媒**である．車体の床下を見ると，排気口近くにマフラー（消音器）があり，その横（前）にあるもうひと回り小さい容器に触媒が格納されている．触媒には，白金，ロジウム，パラジウムなどの貴金属が多量に含まれている．現在は，貴金属を大幅に節約するためにインテリジェント触媒と呼ばれる触媒の開発が進められている．これまで自動車触媒としてはあまり注目されていなかったペロブスカイト型酸化物に貴金属を複合させたもので，将来の自動車以外の多くの内燃機関に対してもクリーン化への扉を開くことが期待されている．

　マフラーを外して自動車を走行させると，多くの有害物質が空気中にばら撒かれることになる．

 **化学平衡**

実際の化学反応は，可逆的に進むことが多い．可逆的な反応の特徴をイメージし，自然現象をより現実的に捉えることで頭の中の映像の「精度」を高めよう．

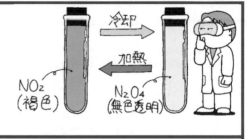

①化学平衡系では正反応と逆反応が同じ速度で起こる．
②平衡状態にある系にストレスをかけるとルシャトリエの原理に基づく平衡の移動がおこる．

1　可逆反応と化学平衡

💡 可逆反応とその特徴について，イメージしながら考えよう！

　朝食のパンを小麦粉に戻したり，目玉焼きを生卵に戻したりすることはできない．このように，私たちの生活の中で，「変化だ」と感じるものは，不可逆反応（irreversible reaction）であることが多い．よって，反応の多くが可逆反応（reversible reaction）であることは，あまり意識されていない．可逆反応について，前節で用いた穴の開いた丸い分子 ◯ と尖った分子 △ を用いて考察する．

　2つの分子は，衝突し，活性化エネルギーを超えると生成物 ◯ となる．しかし，逆の反応の活性化エネルギーを超えるようなエネルギーが与えられると，もとの丸い分子と尖った分子にもどることができる．
　この式の ⇌ で示される反応において，◯ と △ から ◯ ができる反応を**正反応**（forward reaction）とすると，◯ から ◯ と △ ができる反応は，**逆反応**（reverse reaction）と呼ばれる．このように，正反応と逆反応がある反応を**可逆反応**と呼ぶ（図 5.8）．

💡 次に平衡という用語の意味をイメージしよう．

　可逆反応の反応物質（丸い分子 ◯ と尖った分子 △ ）それぞれ10個を容器に入れ密閉し，ある温度の下で衝突させて反応を進める．この温度でしばらく一

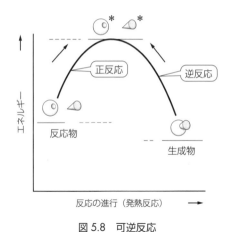

図 5.8　可逆反応

定に保つと，6 個の反応物質が反応し，生成物 6 個を生成して**一見反応が止まってしまったように見えた**（図 5.9）．このように可逆反応の反応物質を密閉容器に入れて，温度を一定に保つと，正反応と逆反応の速度が等しくなるために，見かけ上反応が停止したような状態になる．しかし，この場合は，反応は停止したのではなく，その容器内で常に正反応と逆反応が起こっているのである．この状態を**平衡**（equilibrium）と呼び，この反応は**化学平衡**（chemical equilibrium）に達したという．

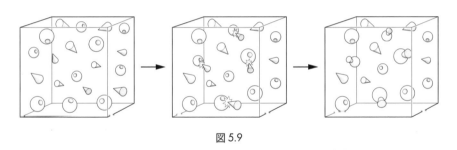

図 5.9

図 **5.10** は，前記の可逆反応において，反応物質と生成物の濃度と時間の関係を示したものである．図 **5.11** は，正反応の速度および逆反応の速度と経過時間の関係を示したものである．

化学平衡の状態では，生成物質と反応物の両方が生じている．したがって，平衡とは，反応物質と生成物の量が等しいのではなく，等しい速度で両方がつくられている状態を示しているのである．

5章 化学反応と反応速度

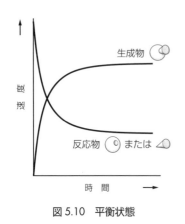

図 5.10 平衡状態

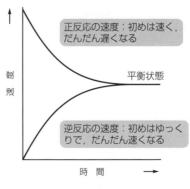

図 5.11 反応速度と経過時間

2 平衡反応の例

1862年，ベルテロー（M. Berthelot, フランス）らは，酢酸とエチルアルコールから酢酸エチルができる反応が平衡系であることを発見した．

$$CH_3COOH + C_2H_5OH \rightleftarrows CH_3COOC_2H_5 + H_2O$$

水素とヨウ素からヨウ化水素が生成する反応も，以下の温度条件で平衡反応である．

$$H_2 + I_2 \rightleftarrows 2HI \quad (400\,K \sim 700\,K)$$

色のついた気体である二酸化窒素と四酸化二窒素（無色）の間にも平衡がある．この系は，温度の影響を受けやすい．

$$2NO_2 \underset{加熱}{\overset{冷却}{\rightleftarrows}} N_2O_4$$

この反応は，二酸化窒素（褐色）と四酸化二窒素（無色）の間の平衡反応である．透明な密封容器に二酸化窒素（褐色）を入れる．この平衡反応では，冷やすと右に反応が進み，暖めると左に反応が進む．よって，容器を冷やすと容器内の気体は無色透明になり，暖めると色が着いてくる．このように，ある条件を変えると平衡状態は崩れ，新しい条件によって右向き，左向きの反応が少し進んで，新しい平衡状態が生まれる．このような変化を，**化学平衡が移動した**という．

3 ルシャトリエの原理

1884年ルシャトリエ（Le Chatelier, フランス）は，可逆反応が平衡状態に

あるとき，その系にストレスをかける—すなわち，濃度・温度・圧力などを変化させる—と，ストレスの影響を少なくするような方向に調節が起こり，新しい化学平衡に達することを発見した（**表 5.1**）．これを**ルシャトリエの原理**（Le Chatelier's principle）という．

表5.1　ルシャトリエの原理による化学平衡の移動

操　　作	反応の方向
加熱（冷却）する	吸熱（発熱）反応の方向へ移動
ある成分を加える（除去する）	その成分を減らす（増やす）方向へ移動
体積を増やす（減らす）	圧力（分子数）が増える（減る）方向へ移動
圧力を増やす（減らす）	圧力（分子数）が減る（増える）方向へ移動
触媒を加える	平衡に達する時間が短縮されるが，平衡は移動しない

Column

緩衝溶液：少量の酸や塩基を加えても pH がほぼ一定に保たれるような作用のある溶液のことで，溶液の成分である電解質の間に，**電離平衡**が成立している溶液のことである．

血液のふしぎ：血液は栄養素の中間代謝物（乳酸など）によって酸性に傾きやすい．血液の pH が生理的範囲を越えて低くなった病態をアシドーシス（acidosis），逆に高くなった病態をアルカローシス（alkalosis）という．しかし通常血液は，そのようなことにならないように pH は 7.30〜7.50 に保たれている．血液は，pH の変動を抑える仕組みをもつ**緩衝溶液**の一種である．血液の pH の変動を抑える緩衝系には，①炭酸—重炭酸系，②リン酸系，③血漿蛋白質系，④ヘモグロビン系がある．各緩衝系は，水素イオンが増加した場合これを吸収するように反応し，結果的に水素イオン濃度を高めない（pH を下げない）ように働く．

溶解度積：塩 MX が水に溶けて溶解平衡に達しているとき，以下の式で表される．

$$MX(s) \rightleftarrows MX_{aq}$$
$$MX_{aq} \rightleftarrows M^+_{aq} + X^-_{aq}$$
$$K = \frac{[M^+][X^-]}{[MX_{aq}]}$$
$$K_s = K[MX_{aq}] = [M^+][X^-] = 一定$$

ここで，K は，平衡定数（equilibrium constant）という．さらに式を変形して得られる飽和溶液中のイオン濃度の積 K_s を溶解度積（solubility product）と呼ぶ．

章末問題

問題 1 結晶の格子エネルギー（結晶格子を気体状態の構成イオンにまでばらばらにするのに必要なエネルギー）は，熱化学的データから得られた実験値をボルン—ハーバーサイクル（Born-Haber cycle）に当てはめて計算することによって近似的に求めることが可能である．NaCl について以下の熱化学的データから結晶の格子エネルギーを求めよ．

$[\mathrm{kJ/mol}]$

A	Na（g）のイオン化エネルギー	490
B	Cl（g）の電子親和力	347
	（電子を 1 mol とりこむエネルギー）	
C	Na（s）の生成熱	109
D	Cl_2（g）の結合エネルギー	226
E	NaCl（s）の生成熱	414
F	NaCl（s）の格子エネルギー	?

$$\begin{array}{c} \mathrm{Na^+(g) + Cl^-(g)} \xrightarrow{F} \mathrm{NaCl(s)} \\ {}_A\uparrow \quad {}_B\uparrow \qquad \qquad \downarrow{}_E \\ \mathrm{Na(g) + Cl(g)} \xleftarrow{C+D} \mathrm{Na(s) + 1/2\,Cl_2(g)} \end{array}$$

問題 2 $2NO + O_2 \longrightarrow 2NO_2$ の反応は，酸化窒素について 2 次，酸素について 1 次である．酸化窒素の濃度を 2 倍，酸素の濃度を半分にすると，反応速度は何倍になるか．

問題 3 $H_2(g) + I_2(g) \rightleftarrows 2HI(g)$ の反応は，平衡状態で右方向と左方向の反応速度が等しい状態である．それぞれの速度を v_1, v_2 とするとき，$v_1 = v_2$ の関係から平衡状態では，反応物濃度の積は生成物濃度の積の比は一定であることを示せ．

第6章
酸と塩基

　酸と塩基は，古くから人間生活に密接にかかわる物質であった．語源をたどれば，酸（acid）はラテン語の食酢（acetum）に由来し，その酸っぱさを表現する言葉「酸っぱい（acidus！）」が語源となっている．私たちにも馴染みの食酢は，古代から調味料として使われていた酸で，酒を発酵させ作られていた．中世になり，錬金術師たちは，黄金を生み出す「賢者の石」を追求しようとする過程で，硝酸などの強酸を発見し，化学の基礎を築いている．一方，アルカリ（alkali）はアラビア語の植物の灰（alqali）が語源であり，酸の性質を打ち消す物質として知られていた．

　現代の生活においても，酸やアルカリは「弱酸性の化粧品」や「アルカリ食品」，「アルカリ飲料」など，日常的に使われている身近な存在である．同時に，多くの動植物の生命活動を支える大切な物質であるとともに，酸性雨などの大きな環境問題を引き起こす危険な物質でもある．

　本章では，「酸と塩基」や「水素イオン濃度とpH」などの概念を学び，「中和や加水分解」，「緩衝作用」などの現象を理解し，そのpHの求め方を習得する．

6-1 酸と塩基の基本的な概念

アレーニウスは,「酸は H^+ を放出する物質, 塩基は OH^- を放出する物質」と定義した.

①酸は, 水溶液中で電離して水素イオン H^+ を生じ, この「H^+」が酸の性質の本質である.
②塩基は, 水溶液中で電離して水酸化物イオン OH^- を生じ, この「OH^-」が塩基の性質の本質である.
③価数とは1つの酸・塩基から電離して生ずる H^+ や OH^- の数である.
④アレーニウスの定義は, 水溶液中での電離を前提とした狭義の考え方である.

1 酸と塩基の性質

 身近な酸や塩基(図6.1)を思い出しながら, それらの性質を整理してみよう!

酸 (acid) とは, 酸味があり, 青いリトマス紙を赤に変える性質を持ち, 鉄や亜鉛などの金属と反応して水素を発生する物質である.

一方, 塩基 (base) とは, 苦みがあり, 赤いリトマス紙を青変させ, 手でさわるとぬるぬるした感じがして, 酸の性質を打ち消す物質である.

図6.1 身近な酸と塩基

一般的に知られているこのような酸と塩基の性質は,「アレーニウスの定義」を基にすると理解しやすい.

2 アレーニウスの定義

アレーニウス (S. A. Arrhenius, スウェーデン) は,「酸とは水溶液中で電離 (electrolytic dissociation) し水素イオン H^+ を放出する物質であり, 塩基とは水溶液中で電離し水酸化物イオン OH^- を放出する物質である」と定義した.

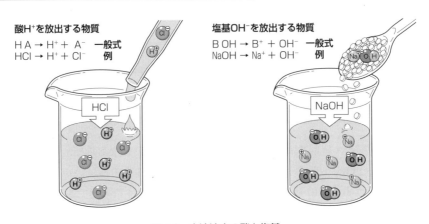

図 6.2 水溶液中の酸と塩基

図 **6.2** のように，酸である塩酸 HCl は水溶液中で電離し，水素イオン H^+ を放出する．酸に共通の独特な酸味や金属と反応し水素を発生するなどの性質は，この水素イオン H^+ によるものである．

一方，塩基である NaOH は，水に溶けると電離し水酸化物イオン OH^- を放出する．この OH^- は，酸の H^+ と結合して水 H_2O を生じるので，酸の性質を打ち消すことができる．

アレーニウスの定義によると，酸の本質は水素イオン $\underline{H^+}$，塩基の本質は水酸化物イオン $\underline{OH^-}$ である．すなわち，酸とは化学式の中に放出できる $\underline{H}$ を，塩基とは放出できる $\underline{OH}$ をもっている物質のことをいう（**表 6.1**）．

表 6.1 主な酸と塩基（下線部：電離して放出する H や OH）

		酸の化学式と名称		塩基の化学式と名称	
1	価	H$\underline{Cl}$	塩　酸	Na$\underline{OH}$	水酸化ナトリウム
		$\underline{H}NO_3$	硝　酸	K$\underline{OH}$	水酸化カリウム
		$CH_3COO\underline{H}$	酢　酸	N$\underline{H_3}$	アンモニア
2	価	$\underline{H_2}SO_4$	硫　酸	Ca$(\underline{OH})_2$	水酸化カルシウム
		$\underline{H_2}CO_3$	炭　酸	Mg$(\underline{OH})_2$	水酸化マグネシウム
3	価	$\underline{H_3}PO_4$	リン酸	Al$(\underline{OH})_3$	水酸化アルミニウム

3 HをもたないアルカリやOHをもたない塩基

アンモニア NH_3 は OH をもたないのに，どうして塩基の性質を示すのだろうか？ アレーニウスの定義を応用して考えてみよう！

水溶液中のアンモニアは，一部が水と反応して NH_4^+ となるので，結果的に水から電離した OH^- が取り残される．そのため自ら OH をもっていなくても間接的に OH^- を放出するので（図 6.3），塩基としてとり扱うことができる．

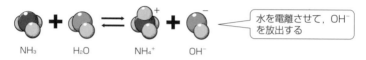

図 6.3 水溶液中でのアンモニアの電離

同様に考えれば，酸化カルシウムなどの物質も，水と反応して OH^- を放出する．水溶液が塩基性を示す金属元素の酸化物を**塩基性酸化物**（表 6.2）といい，塩基として扱うことができる．

$$CaO + H_2O \longrightarrow Ca^{2+} + 2OH^-$$

表 6.2 酸性酸化物と塩基性酸化物

酸性酸化物	塩基性酸化物
二酸化炭素 CO_2	酸化ナトリウム Na_2O
二酸化硫黄 SO_2	酸化カリウム K_2O
三酸化硫黄 SO_3	酸化カルシウム CaO

一方，二酸化炭素などの物質は，一部が水と反応して H^+ を放出し，水溶液は酸性を示す．このような非金属元素の酸化物は**酸性酸化物**といい，酸として扱うことができる．

$$CO_2 + H_2O \rightleftharpoons 2H^+ + CO_3^{2-}$$

4 オキソニウムイオン

酸が放出する水素イオン H^+ は，H^+ 単独では存在していない．実際には水分

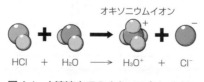

図 6.4 水溶液中でのオキソニウムイオン

子と結合し，**オキソニウムイオン** H_3O^+ のかたちで存在している（図 **6.4**）.

しかし，便宜的に H_3O^+ を H^+ として表す場合が多い.

5 酸や塩基の価数

1つの酸や塩基から，放出することのできる水素イオン H^+ や水酸化物イオン OH^- の数を**価数**という．主な酸と塩基の価数は**表 6.1** に示した通りである．

2価以上の価数をもつものを多価の酸・塩基といい，たとえば硫酸 H_2SO_4 は，次のように段階的に電離する．

硫酸の電離 ┌ 第1段階　$H_2SO_4 \longrightarrow H^+ + HSO_4^-$ （硫酸水素イオン）
　　　　　└ 第2段階　$HSO_4^- \longrightarrow H^+ + SO_4^{2-}$ （硫酸イオン）

一般に第2段階は，第1段階より電離しにくい．

6 アレーニウスの定義の限界

> アレーニウスの定義は電離を前提にしている．この定義では説明できない酸と塩基の反応はないだろうか？

塩化水素とアンモニアは気相中で反応し，白煙を伴い塩化アンモニウムを生成する（図 **6.5**）.

【気相中】$HCl + NH_3 \longrightarrow NH_4Cl$

この反応でのアンモニアは，水酸化物イオン OH^- を放出しないため，アレーニウスの定義における塩基に該当しない．

しかし水溶液中でも同じ反応は成立する．

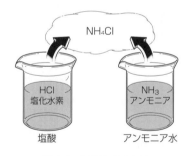

図 6.5　気相中での反応

【水溶液中】$HCl + NH_3 + H_2O$
$\longrightarrow H^+ + Cl^- + NH_4^+ + OH^- \longrightarrow NH_4Cl + H_2O$

この場合，アンモニアは間接的に水の OH^- を放出するので塩基である．

同じ反応であるにもかかわらず，気相中のアンモニアは塩基ではなく，水溶液中のアンモニアは塩基であることになる．これは，アレーニウスの定義が水溶液中に限定した考え方であり，気相の反応には適用できないため生ずる矛盾である．

6-2 酸と塩基の定義

アレーニウスの定義, ブレンステッド・ローリーの定義, ルイスの定義 どの定義が正しいのだろうか？

① アレーニウスの定義は, 水溶液中の「酸の H^+ と塩基の OH^-」に着目した理論である.
② ブレンステッド・ローリーの定義は,「H^+（プロトン）の授受」に着目した理論である.
③ ルイスの定義は「電子対の授受」に着目した理論である.

1 ブレンステッド・ローリーの定義

 ブレンステッド・ローリーの定義はアレーニウスの定義と何が異なるのだろうか？

ブレンステッド（J. N. Brønsted, デンマーク）とローリー（T. M. Lowry, イギリス）は, 水溶液以外にも拡張できる理論を提案し,「**酸とはプロトン H^+ を与える物質であり, 塩基とはプロトン H^+ を受け取る物質である**」（図 **6.6**）と定義した.

これに従えば, アレーニウスの定義では適用外であった気相中の反応も, 酸と塩基の反応であることが説明できる.

図 6.6　プロトンのキャッチボール

【気相中】

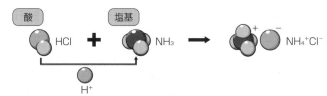

図 6.7　気相中のプロトンの授受

HCl は NH_3 にプロトンを与えているので酸であり, NH_3 は HCl からプロトンを受け取っているので塩基となる（図 **6.7**）.

6-2 酸と塩基の定義

ブレンステッド・ローリーの定義をいい換えれば，酸は**プロトン供与体**（proton donor），塩基は**プロトン受容体**（proton acceptor）であり，酸と塩基の反応は，酸から塩基へのプロトンが移動する反応であるといえる．よって，ある物質が酸であるか塩基であるかは，プロトンの授受により決定される．

$$\underset{酸}{CH_3COOH} + \underset{塩基}{H_2O} \rightleftarrows CH_3COO^- + H_3O^+ \tag{6・1}$$

（プロトン）

$$\underset{塩基}{NH_3} + \underset{酸}{H_2O} \rightleftarrows NH_4^+ + OH^- \tag{6・2}$$

（プロトン）

H_2O は，式 (6・1) の反応ではプロトン受容体であるので塩基であるが，式 (6・2) の反応ではプロトン供与体であるので酸として働いている．このことから，ブレンステッド・ローリーでの酸と塩基は，物質本来の性質によるものではなく，反応の相手によって決まる相対的な概念であることが理解できる（図 **6.8**）．

図6.8 酸なのか塩基なのか？ それは相手しだい！

また，逆反応を考えると，H_3O^+ はプロトン供与体であるので酸であり，CH_3COO^- はプロトン受容体であるので塩基である．

$$\underset{酸}{CH_3COOH} + \underset{塩基}{H_2O} \rightleftarrows \underset{塩基}{CH_3COO^-} + \underset{酸}{H_3O^+}$$

（プロトン）

一般にブレンステッド・ローリーの酸と塩基には，次の関係が成り立つ．

$$\underset{酸}{HA} + \underset{塩基}{B} \rightleftarrows \underset{共役酸}{BH^+} + \underset{共役塩基}{A^-}$$

共役 ─ 共役

酸 HA より生じた A^- を**共役塩基**（conjugated base），塩基 B より生じた BH^+ を**共役酸**（conjugated acid）といい，HA と A^-，B と BH^+ の関係を互いに**共役**であるという．

2 ルイスの定義

ルイス（G. N. Lewis, アメリカ）は，プロトンが介在する酸と塩基の反応を，「最外殻（1s軌道）の電子が欠如したプロトンが，塩基の非共有電子対を迎え入れ安定化しようとする反応である」と解釈した．ならば，「酸はプロトンに限定する必要はなく，最外殻に空位のあるすべての物質が対象になりうる」と発展させた．

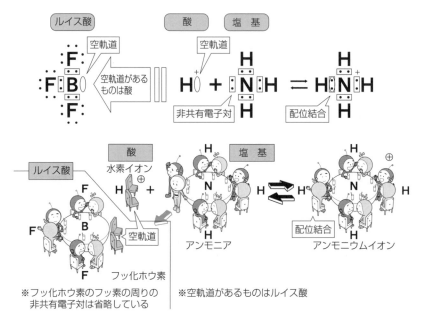

図6.9 ルイス酸

このような電子論的見地から，「**酸は非共有電子対を受け入れることのできる物質，つまり電子対受容体**（electron-pair acceptor）**であり，塩基は非共有電子対を与える物質，電子対供与体**（electron-pair donor）**である**」と定義した．

3 各定義の比較

ルイスの酸と塩基の定義は，アレーニウスやブレンステッドとローリーの概念をすべて包括し，さらに新たな分野に適用範囲を広げた．特に有機化学の分野では，さまざまな反応と関連づけることができる有用な定理である．反面，基本的な現象を説明するには，具体化しづらいところもある．したがって，酸と塩基の

定義は，いずれの定義も正しいものとし，「中和はアレーニウス」，「平衡はブレンステッドとローリー」，「有機反応はルイス」など，それぞれの現象を捉えるのに最も理解しやすい定義を使い分けることが大切である（図 6.10）．

図 6.10　酸と塩基の定義の比較

Column　アレーニウス以前の酸の定義

ボイル (R. Boyle, 1627-1691)	気体の法則（ボイルの法則）で有名なイギリスの化学者 酸が，スミレやバラなどの花のほか，リトマスゴケの色を変色させることを発見した
ホムベルグ (W. Homberg, 1652-1715)	ボイルの弟子であるオランダの化学者 アルカリが酸の性質を打ち消すことを発見した
シェーレ (K. W. Scheele, 1742-1786)	スウェーデンの化学者，薬学者 酒石酸，乳酸，クエン酸，シュウ酸などの有機酸，硫化水素，シアン化水素などの無機酸を発見した
ラヴォアジエ (A. Lavoisier, 1743-1794)	質量保存の法則で有名なフランスの化学者 酸素（酸の素）は酸性を与える元素であり，全ての酸に酸素が含まれていると考えた
デーヴィー (S. H. Davy, 1778-1829)	イギリスの化学者 塩酸には酸素が含まれていないことを発見し，酸の素は水素であることを宣言した
リービッヒ (F. J. v Liebig, 1803-1873)	19世紀の化学を支えたドイツの化学者 酸は金属と置き換わる水素を持つ物質であると定義した

※　アレーニウスの定義より以前の時代には，アルカリは酸の性質を打ち消す物質としては認められてはいたが，酸とは対極としての塩基の定義は存在しなかった．したがって，中和の原理については不完全なものであった

6-3 酸と塩基の強弱

酸と塩基の強弱は，水溶液中の H^+ または OH^- の多さで決まる！

① 酸と塩基の強さを表す尺度として，電離度，電離定数および解離指数がある．
② 電離度は大きいほど，電離定数は小さいほど，解離指数は大きいほど，強い酸・塩基である．

1 酸と塩基の強弱

酸には強弱があり，日常，口にしているものの多くは弱酸である．たとえば，コーラやサイダーに含まれている炭酸，レモンジュースのクエン酸，食酢の酢酸などは**弱酸**である．一方，トイレ用の洗剤に含まれている塩酸は強い洗浄力・分解力を必要とされているので**強酸**である（図 **6.11**）．

図 6.11 身近な弱酸・強酸

同様に塩基にも強弱がある．キンカンやパーマ液に含まれるアンモニアは**弱塩基**で，パイプクリーナーに含まれる水酸化ナトリウムは**強塩基**である．

> 酸・塩基の強弱は何によって決まるのだろうか？

酸・塩基の強さは，その性質の正体である H^+，OH^- の多さで決まる．すなわち，水溶液中では H^+ の濃度が高いものは強酸で，OH^- の濃度が高いものが強塩基となる．この H^+ や OH^- の濃度は何によって決まるかというと，「物質の濃さ」と「電離の割合」である．ただし，「物質の濃さ」は自在に変化するものなので，物質の潜在的な強弱は，「**電離の割合**」により決定される．たとえば，「物質の濃さ」を同じにした塩酸と酢酸に，亜鉛を図 **6.12** 強酸・弱酸と亜鉛の反応加えると，塩酸では激しく反応し水素を発生

図 6.12 強酸・弱酸と亜鉛の反応

するが，酢酸ではあまり反応しない（図6.12）．これは，塩酸のほうが酢酸よりも，「電離の割合」が大きく，水溶液中のH^+の濃度が高いためである．

2 酸と塩基の強弱と電離度の関係

物質がイオンになって分かれることを**電離**（electrolytic dissociation）という．また，「電離の割合」のことを**電離度**（degree of electrolytic dissociation）といい，記号α（アルファ）を用いて表す．

$$電離度\ \alpha = \frac{電離した電解質の物質量〔mol〕}{水溶液中に溶かした電解質の全物質量〔mol〕}$$

💡 電離度と「酸と塩基の強弱」との関係を考えよう！

塩酸はHClのほとんどが電離し，多くのH^+が生じる（図6.13左）．このような**電離度の大きい酸を強酸**という．これに対して，酢酸はごく一部だけが電離している（図6.13右）．このような**電離度の小さい酸を弱酸**という．表6.3に代表的な酸と塩基の強弱と電離度αの関係を示す．

図6.13 強酸と弱酸の電離の様子

電離度が1に近いものが強酸・強塩基であり，**1より十分小さいものが弱酸・弱塩基**となる．このように電離度は，酸や塩基の強弱を単純に判定するときの便利な目安となる．しかしながら，同一の物質でも，濃度によって値が変化してしまうという欠点があり，特に弱電解質の希薄溶液では変化が大きい（図6.14）．

表6.3 電離度 α(0.1 mol/L, 25℃, 水溶液)

	物質名	強弱	電離度 α
酸	塩酸　HCl	強酸	0.94
	酢酸　CH$_3$COOH	弱酸	0.013
塩基	水酸化ナトリウム　NaOH	強塩基	0.91
	アンモニア　NH$_3$	弱塩基	0.013

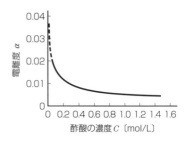

図6.14 物質の濃度と電離度

3 弱酸と弱塩基の電離平衡と電離定数

 電離平衡を数値（電離定数）に変換し，「酸と塩基の強弱」との関係を考えよう！

強酸や強塩基は，水溶液中でほぼ完全に電離してしまうが，弱酸や弱塩基は，水溶液中で一部が電離し**化学平衡**が成立する．これを**電離平衡**といい，弱酸をHA，弱塩基をBで表すと以下のようになる．

弱　酸　　$HA + H_2O \rightleftarrows H_3O^+ + A^-$　　　　　　(6・3)

弱塩基　　$B + H_2O \rightleftarrows BH^+ + OH^-$　　　　　　(6・4)

したがって，化学平衡の法則から，次の関係式が得られる．

$$\text{弱酸} = \frac{[H_3O^+][A^-]}{[HA][H_2O]} = K \quad \text{弱塩基} = \frac{[BH^+][OH^-]}{[B][H_2O]} = K \quad (K:\text{平衡定数})$$

希薄水溶液では $[H_2O]$ は溶質に比べて極めて大きい値をとるので，$[H_2O]$ は一定とみなすことができる．よって $[H_2O]$ を定数に含めて，弱酸の $K[H_2O]$ を K_a*1, 弱塩基の $K[H_2O]$ を K_b*2 とし, $[H_3O^+]$ を $[H^+]$ で表すと以下のようになる．

$$\text{弱酸}\, K_a = \frac{[H^+][A^-]}{[HA]} \quad (6・5) \qquad \text{弱塩基}\, K_b = \frac{[BH^+][OH^-]}{[B]} \quad (6・6)$$

この K_a, K_b を酸 HA，塩基 B の**電離定数**[*3]（electrolytic dissociation constant）という．K_a，K_b が小さな値をとれば，式 (6・3)，式 (6・4) の**平衡が左にかたよっている**ことを意味し，**酸・塩基は弱い**ことを示している．一般に弱酸・弱塩基の電離定数は，概ね $10^{-3} \sim 10^{-10}$ mol/L の範囲をとる（**表6.4**）．

表6.4 弱酸・弱塩基の電離定数と解離指数(25℃水溶液)

	物質名		K_a [mol/L]	pK_a	K_b [mol/L]	pK_b
弱酸	フェノール	$C_6H_5OH \rightleftarrows C_6H_5O^- + H^+$	1.55×10^{-10}	9.81		
	炭酸 第1段階	$H_2CO_3 \rightleftarrows HCO_3^- + H^+$	4.47×10^{-7}	6.35		
	炭酸 第2段階	$HCO_3^- \rightleftarrows CO_3^{2-} + H^+$	4.63×10^{-11}	10.33		
	酢酸	$CH_3COOH \rightleftarrows CH_3CHOO^- + H^+$	1.75×10^{-5}	4.76		
	ギ酸	$HCOOH \rightleftarrows HCOO^- + H^+$	1.77×10^{-4}	3.75		
弱塩基	アニリン	$C_6H_5NH_2 + H^+ \rightleftarrows C_6H_5NH_3^+$		4.58	3.80×10^{-10}	9.42
	アンモニア	$NH_3 + H^+ \rightleftarrows NH_4^+$		9.26	1.82×10^{-5}	4.74
	メチルアミン	$CH_3NH_2 + H^+ \rightleftarrows CH_3NH_3^+$		10.63	4.30×10^{-4}	3.37
	ジメチルアミン	$(CH_3)_2NH + H^+ \rightleftarrows (CH_3)_2NH_2^+$		10.71	5.13×10^{-4}	3.29

一方,強酸や強塩基の希薄溶液は,ほぼ完全に電離しているものが多く,式 (6・3),式 (6・4) の平衡が極端に右にかたよっているため,K_a,K_b はかなり大きな値をとる.たとえば,塩酸や硫酸などの強酸の電離定数は,$10^8 \sim 10^{12}$ mol/L といわれているが,水溶液中では正確な値を求めることはできない.

電離定数は,濃度によって変化する電離度とは異なり,温度が一定ならば一定の値をとるので,酸や塩基の強弱の尺度として広く用いられている.特に弱酸や弱塩基どうしの強弱を比較するには有用である.

4 酸解離指数と塩基解離指数

 酸解離指数,塩基解離指数と「酸と塩基の強弱」との関係を考えよう!

電離定数は数値の範囲が広く,しかも指数を使い複雑なので,この数値を簡略化する方法として,その逆数の常用対数値(pK_a,pK_b)がしばしば使われる.

$$pK_a = -\log K_a \qquad pK_b = -\log K_b$$

この **pK_a は酸 HA の酸解離指数**,**pK_b は塩基 B の塩基解離指数**といい,酸や塩基の強弱の尺度として用いられている.pK_a,pK_b が大きければ,K_a,K_b が小さな値であることを意味し,酸・塩基は弱いことを示している.

---

*1 K_a の a は acid の頭文字である.
*2 K_b の b は base の頭文字である.
*3 K_a を解離定数(acid dissociation constant),K_b を塩基解離定数(base dissociation constant)ともいう.

6-4 水素イオン濃度とpH

水溶液の酸性・塩基性の強さは、水素イオン濃度 [H$^+$] で決まり、pHで表す.

① 純水 H$_2$O もわずかに電離し、H$^+$ と OH$^-$ に分かれている.
② 水溶液の酸性・塩基性の程度は水素イオン濃度 [H$^+$] で決まる. [H$^+$]＝10^{-7}mol/L で中性であり、[H$^+$]＞10^{-7} のときは酸性、[H$^+$]＜10^{-7} のときは塩基性となる.
③ pH は、[H$^+$]＝10$^{-\text{pH}}$mol/L で示され、対数で表すと pH＝－log [H$^+$] である.

1 水のイオン積

 水分子 H$_2$O は、どの程度、H$^+$ と OH$^-$ に電離しているのだろうか？

純粋な水は、ごくわずかに電離し平衡状態にある（図 **6.15**）.

$$H_2O \rightleftarrows H^+ + OH^-$$

平衡定数 K を用いて次のように表せる.

$$K = \frac{[H^+][OH^-]}{[H_2O]} \text{ (mol/L)}$$

水の電離度は極めて小さく、[H$_2$O] は一定とみなし、K[H$_2$O] は定数 K_W とすることができる.

$$[H^+][OH^-] = K[H_2O] = K_W$$

この K_W を **水のイオン積**（ionic product）といい、温度が一定ならば一定の値をとり、25℃では次式のようになる.

$$[H^+][OH^-] = 1.0 \times 10^{-14} (\text{mol/L})^2 \quad (6\cdot7)$$

この水のイオン積は表 **6.5** のように温度が高いほど大きな値をとる. 水が電離する反応は、吸熱反応のため、ルシャトリエの原理により、温度が高くなると電離平衡は右へ移行する.

$$H_2O \rightleftarrows H^+ + OH^- - 56.5 \text{ kJ}$$

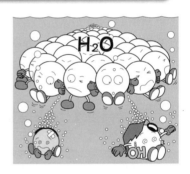

図6.15 水の電離

表6.5 水のイオン積

温度 〔℃〕	K_W 〔mol/L〕^{2}
0	0.114×10^{-14}
10	0.295×10^{-14}
20	0.676×10^{-14}
25	1.00×10^{-14}
30	5.66×10^{-14}

2　水素イオン濃度 [H⁺]

 中性の場合の水素イオン濃度 [H⁺] は？　酸性，塩基性の場合はどうだろう？

　25℃の純水では [H⁺] と [OH⁻] は等しくなり，互いに 10^{-7} mol/L の濃度をとる．したがって，**水素イオン濃度 [H⁺] は 10^{-7} mol/L のときに中性**を示す．

　一方，水のイオン積は

$$[H^+][OH^-] = 1.0 \times 10^{-14} \, (mol/L)^2$$

に保たれており，[H⁺] と [OH⁻] の値は，一方が増加すると他方が減少する関係にある．

表6.6　[H⁺] と酸性・中性・塩基性 〔mol/L〕

酸　性	[H⁺] > 10^{-7} > [OH⁻]
中　性	[H⁺] = 10^{-7} = [OH⁻]
塩基性	[H⁺] < 10^{-7} < [OH⁻]

　したがって，純水に酸を加えると，[H⁺] が増加すると同時に [OH⁻] は減少する．その結果，[H⁺] > 10^{-7} mol/L の関係になり，溶液は**酸性**を示す．

　逆に塩基を加えると [OH⁻] が増加すると同時に [H⁺] は減少する．よって [H⁺] < 10^{-7} mol/L の関係になり**塩基性**を示すことになる（**表 6.6**）．

3　水素イオン指数 pH

 pH 値と酸性・中性・塩基性の関係を理解しよう！

　pH[*4] は 1909 年にセレーセン（S. P. L. Sørensen，デンマーク）が提唱した．**水素イオン濃度 [H⁺] の逆数の対数値**を求め，その値を水素イオン指数（hydrogen ion exponent）とし，**pH** という記号で表した．

$$pH = \log \frac{1}{[H^+]} = -\log [H^+] \quad (6 \cdot 8)$$

$$[H^+] = 10^{-pH} \, mol/L \quad (6 \cdot 9)$$

---

*4　pH の p は power（べき乗），H は [H⁺] 水素イオン濃度を表している．pH の読み方は，最近までドイツ語読みのペーハーが一般的であったが，現在では英語読みのピーエイチが用いられている．

したがって，pH値と酸性・中性・塩基性の関係は，pH＝7のときが中性で，pH値が7より小さいほど酸性が強く，7より大きいほど塩基性が強いことになる（**表6.7**）。また，pH値と水素イオン濃度は，pHの1の減少が［H$^+$］の10倍増加に相当する関係にある（**図6.16**）。

表6.7　pHと酸性・中性・塩基性

酸　性	pH＜7	［H$^+$］＞10^{-7} mol/L
中　性	pH＝7	［H$^+$］＝10^{-7} mol/L
塩基性	pH＞7	［H$^+$］＜10^{-7} mol/L

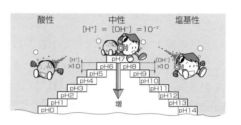

図6.16　［H$^+$］と［OH$^-$］の関係

4　指示薬

　水溶液のpHの変化によって色が変わる色素を酸塩基指示薬（pH指示薬）といい，変色するときのpHの範囲を変色域という（**図6.18**）。古くからよく知られているものにリトマスがあるが，これはオランダのリトマス苔から抽出した色素であり，酸性か塩基性かを調べるのに便利である。また，紫キャベツや赤シソなどに含まれるアントシアニン系の色素も指示薬の働きをする。中和滴定で用いるフェノールフタレインやメチルオレンジ（**図6.17**）などの指示薬は，それ自身が弱い酸または弱い

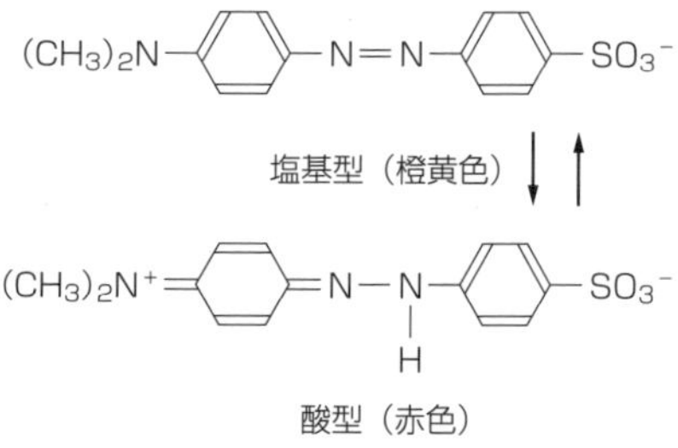

図6.17　メチルオレンジの構造変化

pH	0 1 2 3 4 5 6 7 8 9 10 11 12 13 14
メチルオレンジ	(3.1) 赤　　橙黄 (4.4)
メチルレッド	(4.2) 赤　　黄 (6.2)
リトマス	(4.5) 赤　　青 (8.3)
ブロモチモールブルー	(6.0) 黄　　青 (7.6)
フェノールフタレイン	(8.0) 無　　赤 (9.8)

図6.18　主な指示薬とその変色域（▨ 変色域）．

塩基であり，電離に伴う構造変化が色の変化をもたらしている．

5 酸や塩基の pH を求める基本式

酸や塩基の水溶液について，水素イオン濃度［H^+］，水酸化物イオン濃度［OH^-］および pH を求める基本式を以下の記号を用いてまとめてみよう！

> 基本式に用いる記号
> c_a：酸の濃度　　c_b：塩基の濃度　　c_s：塩の濃度
> K_a：酸の電離定数　　K_b：塩基の電離定数
> pK_a：酸解離指数　　pK_b：塩基解離指数
> K_w：水のイオン積
> 6 章式中の $K_w = 1.0 \times 10^{-14}\,(\text{mol/L})^2$，$pK_w = 14$ とする．

1 強酸の pH

条件①　水の電離による H^+ は，強酸からの H^+ に対し十分小さい．
条件②　強酸のため，完全に電離しているものとする．電離度 $\alpha \fallingdotseq 1$

水の電離による H^+ は無視できるので　［H^+］$= c_a \alpha$　　　　　(6・10)

電離度 $\alpha \fallingdotseq 1$ とみなせるので　$pH = -\log[H^+] = -\log c_a \alpha = -\log c_a$

$$\therefore pH = -\log c_a \qquad (6\cdot 11)$$

2 強塩基の pH

条件①　水の電離による OH^- は，強塩基からの OH^- に対し十分小さい．
条件②　強酸のため，完全に電離しているものとする．

水の電離による OH^- は無視できるので，［OH^-］$= c_b \alpha$　　　(6・12)

$K_W = $［$H^+$］［$OH^-$］なので［$H^+$］$= \dfrac{K_W}{[OH^-]} = \dfrac{K_W}{c_b \alpha}$

電離度 $\alpha \fallingdotseq 1$ とみなせるので　$pH = -\log[H^+] = -\log \dfrac{K_W}{c_b} = pK_W + \log c_b$

$$\therefore pH = 14 + \log c_b \qquad (6\cdot 13)$$

3 弱酸の pH

酢酸を例に，電離度 α と電離定数 K_a と弱酸の濃度 c_a の関係を求めてみる．

酸の電離平衡時の各濃度は次のようになる．

電離平衡	CH$_3$COOH	$\rightleftarrows$	CH$_3$COO$^-$	+	**H$^+$**
電離前の状態	c_a [mol/L]		0 [mol/L]		0 [mol/L]
電離による変化量	$-c_a\alpha$ [mol/L]		$+c_a\alpha$ [mol/L]		$+c_a\alpha$ [mol/L]
平衡時の状態	$c_a(1-\alpha)$ [mol/L]		$c_a\alpha$ [mol/L]		$\boldsymbol{c_a\alpha}$ [mol/L]

電離定数を K_a とすると次式が成り立つ．

$$K_a = \frac{[\text{CH}_3\text{COO}^-][\text{H}^+]}{[\text{CH}_3\text{COOH}]} = \frac{c_a\alpha \times c_a\alpha}{c_a(1-\alpha)} = \frac{c_a\alpha^2}{(1-\alpha)}$$

酢酸は弱酸であるので，α は 1 より十分小さく，$1-\alpha \fallingdotseq 1$ と近似できる．したがって，電離度 α は次式の関係で表される．

$$K_a = c_a\alpha^2 \quad \alpha = \sqrt{\frac{K_a}{c_a}} \tag{6・14}$$

K_a は酸によって一定の値をとるので，電離度 α は濃度 c_a の平方根に反比例することになる．すなわち，濃度 c_a が濃いほど，電離度 α は小さくなるので，電離しにくくなることがわかる．これを**オストワルトの希釈率**（Ostwald's dilution law）という．

上記の関係から弱酸の水素イオン濃度 [H$^+$] と pH を求めてみる．

弱酸の水素イオン濃度は，[H$^+$]$=c_a\alpha$ に式 (6・14) を代入すると求まる．

$$[\text{H}^+] = c_a\alpha = c_a \times \sqrt{\frac{K_a}{c_a}} = \sqrt{c_a K_a} \tag{6・15}$$

$$\text{pH} = -\log[\text{H}^+] = -\log\sqrt{c_a K_a}$$

$$\therefore \text{pH} = \frac{1}{2}(\text{p}K_a - \log c_a) \tag{6・16}$$

4 弱塩基の pH

弱塩基の場合も弱酸と同様に求めることができる．アンモニアを例にして，電離度 α と電離定数 K_b と弱塩基の濃度 c_b の関係を導く．

アンモニア水の電離平衡時の各濃度は次のようになる．

電離平衡	NH$_3$ + H$_2$O	$\rightleftarrows$	NH$_4^+$	+	**OH$^-$**
電離前の状態	c_b [mol/L]		0 [mol/L]		0 [mol/L]
電離による変化量	$-c_b\alpha$ [mol/L]		$+c_b\alpha$ [mol/L]		$+c_b\alpha$ [mol/L]
平衡時の状態	$c_b(1-\alpha)$ [mol/L]		$c_b\alpha$ [mol/L]		$\boldsymbol{c_b\alpha}$ [mol/L]

電離定数を K_b とすると次式が成り立つ．

$$K_b = \frac{[\text{NH}_4^+][\text{OH}^-]}{[\text{NH}_3]} = \frac{c_b\alpha \times c_b\alpha}{c_b(1-\alpha)} = \frac{c_b\alpha^2}{(1-\alpha)}$$

$1-\alpha \fallingdotseq 1$ により

$$K_b = c_b\alpha^2 \quad \alpha = \sqrt{\frac{K_b}{c_b}} \tag{6・17}$$

上記の関係から弱塩基の水酸化物イオン濃度 $[\text{OH}^-]$ と pH を求めてみる. 弱塩基の $[\text{OH}^-]$ は式 (6・17) を代入すると求まる.

$$[\text{OH}^-] = c_b\alpha = c_b \times \sqrt{\frac{K_b}{c_b}} = \sqrt{c_b K_b} \tag{6・18}$$

$[\text{OH}^-]$ に式 (6・18) を代入すると次式になる.

$$\text{pOH} = -\log[\text{OH}^-] = -\log\sqrt{c_b K_b}$$

$$\text{pOH} = \frac{1}{2}(pK_b - \log c_b) \tag{6・19}$$

$[\text{H}^+] = \dfrac{K_W}{[\text{OH}^-]}$ により,pH $= -\log \dfrac{K_W}{[\text{OH}^-]}$ であることから次式で成り立つ.

$$\text{pH} = -\log K_W + \log[\text{OH}^-] = pK_W - \text{pOH}$$

$$\therefore \text{pH} = 14 - \frac{1}{2}pK_b + \frac{1}{2}\log c_b \tag{6・20}$$

例題 次の酸と塩基の pH を求めよ.
(1) 0.50 mol/L の酢酸(電離定数 $K_a = 1.8 \times 10^{-5}$)
(2) 1.0×10^{-2} mol/L のアンモニア水(電離定数 $K_b = 1.8 \times 10^{-5}$)

答 (1) $pK_a = -\log K_a = -\log(1.8 \times 10^{-5}) = 4.7$
式 (6・16) より,pH $= 1/2(pK_a - \log c_a) = 1/2(4.7 + 0.3) = 2.5$
(2) $pK_b = -\log K_b = -\log(1.8 \times 10^{-5}) = 4.7$
式 (6・20) より,pH $= 14 - 1/2 pK_b + 1/2 \log c_b = 10.6$

6-5 中和反応と塩の生成

酸と塩基が中和すると塩と水が生成する．

① 中和反応とは，酸の性質を示す H^+ と塩基の性質を示す OH^- から，水ができる反応である．
② 弱酸と強塩基から生成した塩は，塩基性を示す．
③ 強酸と弱塩基から生成した塩は，酸性を示す．
④ 強酸と強塩基，弱酸と弱塩基から生成した正塩は中性を示す．

1 中和反応

中和（neutralization）とは，酸と塩基が作用して，互いの性質を打ち消す反応のことをいう．

たとえば，塩酸 HCl に水酸化ナトリウム NaOH 水溶液を加えると，酸と塩基の性質が打ち消され，食塩水ができる（図 **6.19**）．

図 6.19 中和反応の例

$$HCl + NaOH \longrightarrow NaCl + H_2O$$

 中和反応では，なぜ，酸と塩基の性質が打ち消されるのだろうか？

水溶液中では，HCl，NaOH および NaCl は完全に電離しているので，実際の様子に近い形で表すと次のように書くことができる．

$$H^+ + Cl^- + Na^+ + OH^- \longrightarrow Na^+ + Cl^- + H_2O$$

ここで Na^+ と Cl^- は反応式の前後で変化していないので，これを両辺から除くと，次のようになる．

$$H^+ + OH^- \longrightarrow H_2O$$

したがって，**中和反応**では，酸の性質を示す H^+ と塩基の性質を示す OH^- とから水ができるため，互いの性質が打ち消される．

また同時に，Na^+ と Cl^- から NaCl が生成する．この NaCl のように，**酸の陰イオンと塩基の陽イオン**からなる物質を**塩**（salt）という．

酸 + 塩基 ⟶ 塩 + 水

2　塩の生成とその分類

　塩はどのような化学反応から生成するのだろうか？

塩は，次のような反応から生成する．
① 酸と塩基の中和反応
　　例：$HNO_3 + NaOH \longrightarrow NaNO_3 + H_2O$
② 塩基と酸性酸化物の反応
　　例：$Ca(OH)_2 + CO_2 \longrightarrow CaCO_3 + H_2O$
③ 塩基性酸化物と酸の反応
　　例：$CaO + 2HCl \longrightarrow CaCl_2 + H_2O$
④ 塩基性酸化物と酸性酸化物の反応
　　例：$CaO + CO_2 \longrightarrow CaCO_3$
⑤ 金属と酸の反応
　　例：$Zn + 2HCl \longrightarrow ZnCl_2 + H_2$

塩は，組成に酸の H が残っているものを **酸性塩**，塩基の OH が残っているものを **塩基性塩**，いずれも残っていないものを **正塩** と分類する（表 **6.8**）．この名称は単に塩の組成からつけられたもので，塩の水溶液の性質を示すものではない．

表 6.8　塩の分類

塩の分類	例	
正塩	NaCl	塩化ナトリウム
酸性塩	$NaHCO_3$	炭酸水素ナトリウム
塩基性塩	$MgCl(OH)$	塩化水酸化マグネシウム

3　塩の水溶液の性質

　酸性や塩基性を示す塩は，どのような酸と塩基からできたものだろうか？

中和反応で生成した塩の水溶液は，正塩であっても中性とは限らない．NaCl や KCl のように **強酸と強塩基から生じた塩は中性** を示すが，$CuSO_4$ や NH_4Cl のように **強酸と弱塩基から生じた塩は酸性** を，Na_2CO_3 や CH_3COONa のように **弱酸と強塩基から生じた塩は塩基性** を示す（表 **6.9**）．

表 6.9 塩の性質

組合せ	液性
強酸と強塩基から生じた塩	中性
強酸と弱塩基から生じた塩	酸性
弱酸と強塩基から生じた塩	塩基性
弱酸と弱塩基から生じた塩	中性

図 6.20 塩の性質

このような一見不可思議な現象は塩の**加水分解**（hydrolysis）によって現れる．

塩は強電解質に属し，水溶液中ではほとんどが電離する．この電離したイオンが水と反応してもとの酸や塩基を生じる場合がある．その結果，酸を生じた場合は OH^- を遊離するので塩基性に，塩基を生じた場合は H^+ を遊離するので酸性を示すようになる．

4 塩の加水分解

1 弱酸と強塩基から生成した塩の加水分解

弱酸と強塩基から生成した塩は，なぜ塩基性を示すのだろうか？ 弱酸である酢酸と強塩基である水酸化ナトリウムにより生成した酢酸ナトリウムの加水分解を例にして考えてみよう！

CH_3COONa を水に溶かすと，ほぼ完全に CH_3COO^- と Na^+ に電離する．この電離した CH_3COO^- の一部は，H_2O からわずかに電離している H^+ と結合して CH_3COOH 分子となり平衡状態をとる．一方，H_2O の電離平衡も，CH_3COO^- に H^+ が消費され減少した $[H^+]$ を補おうと平衡を右にかたよらせ，水のイオン積（$[H^+][OH^-] = K_w$）を一定に保つ．その結果，水溶液中の $[OH^-]$ が増加し，$[H^+] < [OH^-]$ となり，塩基性を示すことになる．

$$\begin{array}{c}
CH_3COONa \longrightarrow \boxed{CH_3COO^-} + Na^+ \\
\qquad\qquad\qquad\quad + \\
H_2O \rightleftharpoons \quad \boxed{H^+} \quad + OH^- \ \textbf{塩基性} \\
\qquad\qquad\qquad \updownarrow \\
\qquad\qquad\quad CH_3COOH
\end{array}$$

平衡状態を表す式

$$CH_3COO^- + H_2O \rightleftharpoons CH_3COOH + OH^- \qquad (6・21)$$

$$K_h : 加水分解定数 \quad K_h = K[H_2O] = \frac{[CH_3COOH][OH^-]}{[CH_3COO^-]} \qquad (6・22)$$

K_h(加水分解定数), K_a(酸の電離定数)と K_w(水のイオン積)の関係を求めてみる.上記の K_h の式の分母分子に [H^+] を乗じて整理すると以下のようになる.

$$K_h = \frac{[CH_3COOH][OH^-]}{[CH_3COO^-]} = \frac{[CH_3COOH] \times \overbrace{[OH^-][H^+]}^{K_w}}{\underbrace{[CH_3COO^-][H^+]}_{1/K_a}} = \frac{K_w}{K_a} \qquad (6・23)$$

式 (6・23) の関係から,温度が一定なら K_w は一定なので,K_a が小さいほど,つまり弱酸であるほど加水分解をしやすいことが理解できる.

●2 強酸と弱塩基から生成した塩の加水分解

強酸と弱塩基から生成した塩は,なぜ酸性を示すのだろうか? 強酸である塩酸と弱塩基であるアンモニア水により生成した塩化アンモニウムの加水分解を例にして考えてみよう!

塩化アンモニウム NH_4Cl を水に溶かすと,ほぼ完全に NH_4^+ と Cl^- に電離する.この電離した NH_4^+ の一部は,H_2O からわずかに電離している OH^- と結合して NH_3 分子となり平衡状態をとる.一方,H_2O の電離平衡も,NH_4^+ に OH^- が消費され減少した [OH^-] を補おうと平衡を右にかたよらせ,水のイオン積 ([H^+][OH^-]=K_w) を一定に保つ.その結果,水溶液中の [H^+] が増加し,[OH^-]<[H^+] となり,酸性を示すことになる.

> NH$_4$Cl $\longrightarrow$ NH$_4^+$ + Cl$^-$
> \+
> H$_2$O $\rightleftharpoons$ OH$^-$ + H$^+$ **酸性**
> ↓↑
> NH$_3$ + H$_2$O
>
> 平衡状態を表す式
>
> $$NH_4^+ + H_2O \rightleftharpoons NH_3 + H_3O^+ \tag{6・24}$$
>
> H$_3$O$^+$ を H$^+$ とし,
>
> K_h：加水分解定数　　$K_h = K[H_2O] = \dfrac{[NH_3][H^+]}{[NH_4^+]}$ 　　(6・25)

●**1** の酢酸ナトリウムと同様に，K_h（加水分解定数），K_b（塩基の電離定数）と K_w（水のイオン積）の関係を求めてみる．

上記の K_h の式の両辺に [OH$^-$] を乗じて整理すると以下のようになる．

$$K_h = \frac{[NH_3][H^+]}{[NH_4^+]} = \frac{[NH_3]}{[NH_4^+][OH^-]} \times \frac{[H^+][OH^-]}{} = \frac{K_w}{K_b} \tag{6・26}$$

（K_w, $1/K_b$）

式（6・26）の関係から，温度が一定なら K_w は一定なので，K_b が小さいほど，つまり弱塩基であるほど加水分解をしやすいことが理解できる．

5　塩の水溶液の pH

💡 **弱酸と強塩基の正塩の pH を求める基本式を導こう！**

酢酸ナトリウム水溶液の濃度を c_s [mol/L]，加水分解度を h にすると，平衡時のそれぞれの濃度は以下のようになる．

平衡状態を表す式　　CH$_3$COO$^-$ + H$_2$O $\rightleftharpoons$ CH$_3$COOH + OH$^-$
平衡時の状態　　$c_s(1-h)$ [mol/L]　　$c_s h$ [mol/L]　　$c_s h$ [mol/L]

この加水分解の平衡定数 K_h は式（6・22）で表され，それぞれの濃度を代入すると式（6・27）のようになる．

$$K_h = \frac{[\text{CH}_3\text{COOH}][\text{OH}^-]}{[\text{CH}_3\text{COO}^-]} \quad (6\cdot22) \qquad K_h = \frac{c_s h \times c_s h}{c_s(1-h)} = \frac{c_s h^2}{(1-h)} \quad (6\cdot27)$$

h は 1 より十分小さい値であるので，$(1-h) \fallingdotseq 1$ とみなすことができる．

$$K_h = c_s h^2 \qquad h = \sqrt{\frac{K_h}{c_s}} \qquad (6\cdot28)$$

次式の h に式（6·28）を，K_h に式（6·23）を代入すると式（6·29）が導かれる．

$$[\text{OH}^-] = c_s h = \sqrt{c_s K_h} = \sqrt{\frac{c_s K_W}{K_a}} \qquad (6\cdot29)$$

次式の $[\text{OH}^-]$ に式（6·29）を代入し整理すると，式（6·30）になる．

$$[\text{H}^+] = \frac{K_W}{[\text{OH}^-]} = K_W \sqrt{\frac{K_a}{c_s K_W}} = \sqrt{\frac{K_a K_W}{c_s}} \qquad (6\cdot30)$$

$$\text{pH} = -\log[\text{H}^+] = -\frac{1}{2}(\log K_a + \log K_W - \log c_s)$$

$$\text{pH} = \frac{1}{2}(pK_W + pK_a + \log c_s)$$

$$\therefore \text{pH} = 7 + \frac{1}{2}pK_a + \frac{1}{2}\log c_s \qquad (6\cdot31)$$

例題 2.0×10^{-1} mol/L の酢酸ナトリウム水溶液の水素イオン濃度 $[\text{H}^+]$ と pH を求めよ．

ただし，酢酸の K_a を 1.8×10^{-5} mol/L とする．

答 $[\text{H}^+]$ は，式（6·30）に数値を代入して求める．

$$[\text{H}^+] = \sqrt{\frac{K_a K_W}{c_s}} = \sqrt{\frac{1.8 \times 10^{-5} \times 1.0 \times 10^{-14}}{2.0 \times 10^{-1}}} = 9.5 \times 10^{-10} \text{ mol/L}$$

pH は，式（6·31）に数値を代入して求める．

$$\text{pH} = 7 + \frac{1}{2}pK_a + \frac{1}{2}\log c_s$$

$$= 7 - \frac{1}{2}\log(1.8 \times 10^{-5}) + \frac{1}{2}\log(2.0 \times 10^{-1}) = 9.0$$

6-6 中和滴定

中和滴定で未知の酸や塩基の濃度を求める.

① 「酸からのH$^+$の物質量」＝「塩基からのOH$^-$の物質量」のときに中和する．
② 中和点付近でのpHは著しく変化する．
③ 指示薬は，中和点付近のpH変化の範囲で変色するものを選択する．

1　中和反応の量的関係

過不足なく中和させるには，酸と塩基の何の量を等しくすればよいのだろうか？

　中和反応とは，酸の性質を示すH$^+$と塩基の性質を示すOH$^-$とから，H$_2$Oができる反応である．すなわち，**酸・塩基の強弱や価数にかかわらず**[*5]，「酸からのH$^+$の物質量」と「塩基からのOH$^-$の物質量」が等しいとき，過不足なく中和する．

「酸からのH$^+$の物質量」や「塩基からのOH$^-$の物質量」は何によって決まるのだろうか？　また，過不足なく中和する場合，どのような関係が成り立つだろうか？

　水溶液の場合，「酸からのH$^+$の物質量」と「塩基からのOH$^-$の物質量」は，酸や塩基の価数（a 価），濃度（c 〔mol/L〕），および容量（V 〔mL〕）によって決まる．
　たとえば，a 価の酸は1 molあたり a 〔mol〕のH$^+$を生じることができるので，その酸の濃度が c 〔mol/L〕ならば，酸1 Lで $a \times c$ 〔mol〕のH$^+$が生じ得る．酸の容量が1 LではなくV〔mL〕であるならば，その酸から生じ得るH$^+$の物

[*5]　酢酸のような弱酸では，水溶液中に存在するH$^+$は少ないが，中和反応の過程で電離が進み，最終的には全ての酢酸が中和する．

質量は $a\times c\times V/1\,000$ mol となる．同様に考えると，b 価，c'〔mol/L〕，V'〔mL〕の塩基から生じ得る OH^- の物質量は $b\times c'\times V'/1\,000$ mol となる．したがって，この酸と塩基が過不足なく中和するときは，次式が成り立つ．

【中和反応の量的関係】

$$a\times c\times \frac{V}{1\,000} = b\times c'\times \frac{V'}{1\,000} \tag{6・32}$$

（酸からの H^+ の物質量）＝（塩基からの OH^- の物質量）

$$a\times c\times V = b\times c'\times V' \tag{6・33}$$

2　中和滴定

　中和の量的関係を利用して，濃度既知の酸（または塩基）を用いて，濃度未知の塩基（または酸）の濃度を求める定量方法のことを中和滴定（neutralization titration）という．

　たとえば，食酢中の酢酸濃度を，あらかじめ標定[*6]しておいた水酸化ナトリウム水溶液を用いて求めてみる．

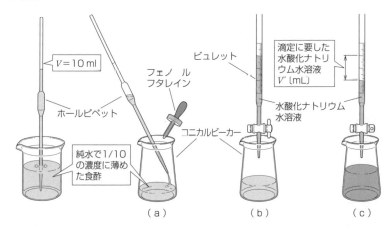

図 6.21　中和滴定

① 　純水を用いて 1/10 の濃度に薄めた食酢を，ホールピペットで正確に V〔mL〕とり，コニカルビーカーに入れ，フェノールフタレイン溶液を数滴

---

*6　水酸化ナトリウムのように潮解性の強い固体は精秤することは困難である．したがって，濃度既知のシュウ酸などの水溶液を用いて，濃度を予め正確に測定しておくことを標定という．

加える（図 **6.21** (a)．
② 濃度既知 c'〔mol/L〕の水酸化ナトリウム水溶液をビュレットから滴下し（図 **6.22** (b))，フェノールフタレインの色が変化するところを終点とし，中和に要した水酸化ナトリウム水溶液の体積 V'〔mL〕を求める（図 **6.21** (c))．
③ これらの操作を何回か繰り返し，V'の平均値を求め，式（6・33）に代入して1/10の濃度に薄めた食酢のモル濃度 c〔mol/L〕を算出する．

酢酸は1価の酸，水酸化ナトリウムは1価の塩基であり，式（6・33）のaとbはともに1である．よって式（6・33）は以下のようになり，cを求めることができる．

$$c \times V = c' \times V' \qquad c = c' \times \frac{V'}{V}$$

求めたcを10倍すると食酢原液の濃度が求められる．さらに必要であればモル濃度を質量パーセント濃度に換算する．

3　中和滴定曲線

中和滴定における pH の変化をグラフにしたものを中和滴定曲線（neutralization titration curve）という．酸（強酸と弱酸）と塩基（強塩基と弱塩基）の組合せにより，次の 1～4 の4つに分類できる．また酸と塩基をともに1価の 0.1 mol/L の濃度とし，10 mL の酸を塩基で滴定した場合の中和滴定曲線を下図に示す．

1　強酸と強塩基の場合

たとえば，塩酸を水酸化ナトリウム水溶液で滴定した場合は図 **6.22** のようになる．ちょうど中和するところは，塩酸 10 mL に対して水酸化ナトリウム水溶液を 10 mL 滴下したところであり，**中和点**（point of neutralization）といい，pH は 7 を示す．この中和点付近では pH が 3～11 に急激に変化する．そのため，指示薬は pH が 3～11 の範囲内に変色域をもつメチルオレンジやフェノールフタレインが用いられる．

2　弱酸と強塩基の場合

酢酸を水酸化ナトリウム水溶液で中和した場合は図 **6.23** のようになる．中和点は pH≒9 で，この中和点付近では pH が 7～11 に急激に変化する．そのため，指示薬は pH が 7～11 の範囲内に変色域をもつフェノールフタレインが用いられる．

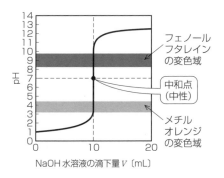

図 6.22　強酸と強塩基の中和滴定曲線

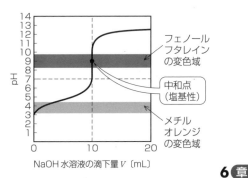

図 6.23　弱酸と強塩基の中和滴定曲線

●3　強酸と弱塩基の場合

塩酸をアンモニア水で中和した場合は図 **6.24** のようになる．中和点は pH ≒ 5 で，この中和点付近では pH が 3～7 に急激に変化する．そのため，指示薬は pH が 3～7 の範囲内に変色域をもつメチルオレンジが用いられる．

●4　弱酸と弱塩基の場合

酢酸をアンモニア水で中和した場合は図 **6.25** のようになる．中和点は pH = 7 である．しかし，この中和点付近での pH 変化が少ないため，指示薬による判定が困難である．したがって，中和滴定には向かない組合せである．

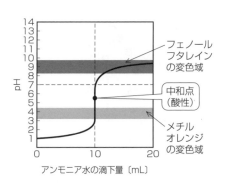

図 6.24　強酸と弱塩基の中和滴定曲線

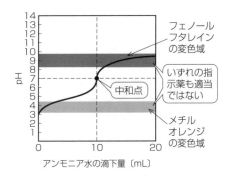

図 6.25　弱酸と弱塩基の中和滴定曲線

6-7 緩衝液

緩衝液に酸や塩基を加えても，pH はあまり変化しない．

① 「弱酸とその塩の混合液」や「弱塩基とその塩の混合液」は緩衝液となりうる．
② 緩衝液の pH はヘンダーソン・ハッセルバルヒの式を用いて求めることができる．

1 緩衝液と緩衝作用

 緩衝液とはどんな液？ 緩衝作用はどんな作用？

　純水 1 L に酸や塩基を加えると pH は大きく変化する．たとえば，純水 1 L に 1 mol/L の塩酸を 1 mL 加えると，この塩酸はおおむね 1/1 000 の濃度に薄まることになり 0.001 mol/L になる．すなわち，水素イオン濃度 $[H^+]$ は 10^{-3} mol/L となり，pH は 7 から 3 へ急変する（図 **6.26** 左）．

　しかし，「弱酸とその塩による混合液」や「弱塩基とその塩による混合液」に多少の酸や塩基を加えても，pH はあまり変化しない（図 **6.26** 右）．

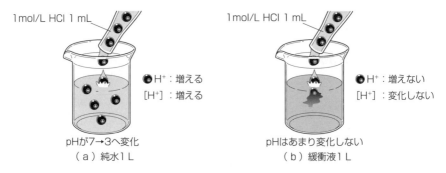

図 6.26　水と緩衝液の pH 変化

　このように，酸や塩基を加えても，あまり **pH** が変化しない現象のことを **緩衝作用**（buffer action）といい，緩衝作用をもつ溶液のことを **緩衝液**（buffer solution）という．たとえば，スポーツドリンクは，その成分に弱酸であるクエ

ン酸とその塩であるクエン酸ナトリウムを含んでおり緩衝作用がある．また，動植物の生体内では，いくつかの緩衝作用が組み合わさり，そのバランスのとれたpH調整により，生命活動が維持されている．

2 緩衝作用のメカニズム

 緩衝のメカニズムを，酢酸と酢酸ナトリウムの緩衝液を例にして考えてみよう．

酢酸は弱酸なので，あまり電離しない．一方，酢酸ナトリウムは強電解質なので，電離度は1とみなしてよい．

$$CH_3COOH \rightleftarrows CH_3COO^- + H^+ \tag{6・34}$$

$$CH_3COONa \longrightarrow CH_3COO^- + Na^+ \tag{6・35}$$

よって，混合液中での電離平衡は，式 (6・34) では左にかたより，式 (6・35) では，ほぼ完全に電離しており，その結果 CH_3COOH と CH_3COO^- の濃度が大きくなっている（図 **6.27** 中央）．

今，この溶液に酸を加えると，酸からの H^+ が，溶液中に大量に存在している CH_3COO^- と反応して CH_3COOH になる（図 **6.27** 左）．

$$CH_3COO^- + H^+ \longrightarrow CH_3COOH \tag{6・36}$$

また，塩基を加えると，塩基からの OH^- が，溶液中に大量に存在している CH_3COOH と中和反応をしてしまう（図 **6.27** 右）．

$$CH_3COOH + OH^- \longrightarrow CH_3COO^- + H_2O \tag{6・37}$$

したがって，この緩衝液は，酸 H^+ を加えても，塩基 OH^- を加えも，pHはあまり変化しない．

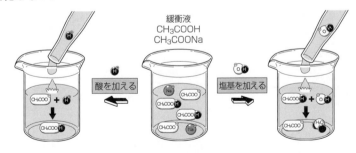

図 6.27　緩衝作用のメカニズム

3 緩衝液とpH

化学平衡の法則を用いて，緩衝液のpHを求めてみる．緩衝液中でも式（6・34）の電離平衡は成立し，電離定数K_aは一定である．

$$K_a = \frac{[CH_3COO^-][H^+]}{[CH_3COOH]} \quad (6・38) \qquad [H^+] = K_a \times \frac{[CH_3COOH]}{[CH_3COO^-]} \quad (6・39)$$

また，CH_3COOHの濃度をc_a，CH_3COONaの濃度をc_sとすると，式（6・34）は左に，式（6・35）は右にかたよっており，$[CH_3COOH]$はc_aに，$[CH_3COO^-]$はc_sに近似できる．よって式（6・39）から式（6・40）が得られ，対数を用いるとヘンダーソン・ハッセルバルヒの式（**Henderson-Hasselbalch の式**）と呼ばれる式（6・41）が導かれる．

$$[H^+] = K_a \times \frac{c_a}{c_s} \quad (6・40) \qquad pH = pK_a + \log\frac{c_s}{c_a} \quad (6・41)$$

（ヘンダーソン・ハッセルバルヒの式）

ヘンダーソン・ハッセルバルヒの式により「**緩衝液のpH**」は，「**弱酸の解離指数（pK_a）**」と「**その塩との濃度比（c_s/c_a）**」で決定され，c_a，c_sが十分大きい値であれば，多少の酸または塩基を加えたとしてもpHは変化しないことがわかる．

また，濃度が等しい弱酸とその塩を1：1に混合した緩衝溶液は，c_sとc_aが等しくなる．式（6・41）により

$c_s = c_a$の場合　　pH ≒ pK_a

したがって，あるpH値の緩衝液を調整したい場合は，そのpH値に近いpK_a値もつ弱酸を選べばよいことがわかる．

このように緩衝液は，酸または塩基と塩の組合せやその混合比を工夫することにより，pHを自在に調整することができる（**表6.10**）．そのため，「一定のpH値を保つ必要のある培養液」や「一定のpH値を示す標準溶液」や「pHの安定剤」として広く用いられている．

表6.10　緩衝液の例

緩衝液の組合せ	混合比			緩衝液の組合せ	混合比		
酢酸（0.1 mol/L）	2	1	1	アンモニア（0.1 mol/L）	2	1	1
酢酸ナトリウム（0.1 mol/L）	1	1	2	塩化アンモニウム（0.1 mol/L）	1	1	2
pH	4.5	4.8	5.1	pH	9.6	9.3	9.0

例題 緩衝液を 0.1 mol/L の CH_3COOH と 0.1 mol/L の CH_3COONa を体積比 $CH_3COOH : CH_3COONa = 1 : 9$ で混合した場合と，体積比 $CH_3COOH : CH_3COONa = 9 : 1$ で混合した場合では，pH がどの程度変化するかを計算せよ．ただし，酢酸の pK_a を 4.8 とする．

答 $CH_3COOH : CH_3COONa = 1 : 9$ の場合

$$pH = pK_a + \log \frac{c_s}{c_a} = 4.8 + \log \frac{0.09}{0.01} = 5.8$$

$CH_3COOH : CH_3COONa = 9 : 1$ の場合

$$pH = pK_a + \log \frac{c_s}{c_a} = 4.8 + \log \frac{0.01}{0.09} = 3.8$$

例題 緩衝液を 0.1 mol/L の CH_3COOH と 0.1 mol/L の CH_3COONa を含む混合溶液 1 L とし，この溶液に 1 mol/L の塩酸 1 mL を加えた場合，pH がどの程度変化するかを計算せよ．ただし，酢酸の pK_a を 4.76 とする．

答 緩衝液 1 L に 1 mol/L の塩酸 1 mL を加えると，塩酸からの H^+ は式（6・36）の反応により CH_3COOH になり，$[CH_3COOH]$ が $0.1 + 0.001 = 0.101$ mol/L とわずかに増加する．一方，$[CH_3COO^-]$ は $0.1 - 0.001 = 0.099$ mol/L と逆に減少する．式（6・41）に代入し以下のように求められる．

$$pH = pK_a + \log \frac{c_s}{c_a} = 4.76 + \log \frac{0.099}{0.101} = 4.75$$

例題 緩衝液を 0.1 mol/L の CH_3COOH と 0.1 mol/L の CH_3COONa を含む混合溶液 1 L とし，この溶液に水を加えて 10 倍薄めた．pH がどの程度変化するかを計算せよ．

答 c_s と c_a がともに 10 倍に薄められるので式（6・41）より c_s/c_a は変化しない．よって pH は変化しない．

章末問題

問題 1 炭酸とリン酸の電離式を段階別に分けて書き，そのナトリウム塩の化学式と名称を例にならって記せ．

【例】　　　　硫酸（H_2SO_4）の電離式　　　　Na 塩の化学式　　　名称
- 第 1 段階　$H_2SO_4 \longrightarrow H^+ + HSO_4^-$　　　$NaHSO_4$　　硫酸水素ナトリウム
- 第 2 段階　$HSO_4^- \longrightarrow H^+ + SO_4^{2-}$　　　Na_2SO_4　　硫酸ナトリウム

問題 2 次の強酸や強塩基の pH を求めよ．ただし，電離度 α は 1 とする．
(1) pH＝2 の塩酸を水で 100 倍に薄めた水溶液
(2) pH＝13 の水酸化ナトリウム水溶液を水で 1 000 倍に薄めた水溶液
(3) 0.5 mol/L の塩酸 20 mL を水で薄めて 1 000 mL にした水溶液
(4) 水酸化ナトリウム 0.05 mol を水に溶かし 500 mL にした水溶液

問題 3 食酢中の酢酸濃度を求める以下の操作について，次の問に答えよ．ただし，食酢中の酸はすべて酢酸とする．

【操作】食酢 10 mL を正確に採取し，純水を加えて 100 mL とした．この希釈した食酢 10 mL を正確に採取し，指示薬を数滴加えた後，0.1 mol/L の水酸化ナトリウム水溶液で滴定したところ，7.5 mL 要した．

(1) 食酢中の酢酸のモル濃度〔mol/L〕を計算せよ．
(2) この滴定の指示薬として次のうちのどれが最も適切か．
　（ア）フェノールフタレイン　（イ）メチルオレンジ　（ウ）メチルレッド
(3) この実験に該当する中和滴定曲線を，次の（ア）～（エ）から選べ．

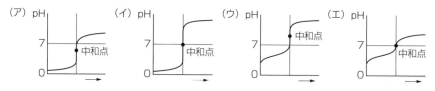

問題 4 0.1 mol/L の酢酸 10 mL を 0.1 mol/L の水酸化ナトリウム溶液で滴定したとき，次の問に答えよ（酢酸の電離定数 K_a は 1.8×10^{-5} mol/L）．
(1) 滴下前の〔H^+〕と pH を求めよ．　　(2) 中和点での pH を求めよ．

第7章
酸化と還元

　私たちの生活の中には，電池を使った製品がたくさんある．携帯電話，ノート型パソコン，ビデオカメラ，デジタルカメラ，電子辞書，目覚まし時計….もし電池がなければ，これらの携帯機器は作動しなくなってしまう．
　電池の中では，酸化還元反応によって電流が作られる．酸化還元反応とは，どのような反応なのだろうか？

7-1 酸化と還元の基本的な概念

酸化還元反応は，電子の移動を伴う反応である．ひとつの反応系では，酸化と還元は同時に起こる．

① 原子が電子を失ったとき酸化されたといい，逆に電子を得たとき還元されたという．
② 酸化還元反応において，電子の移動を考えるには，酸化数を用いると理解しやすい．
③ 他の物質を酸化することができる物質を酸化剤，還元することができる物質を還元剤という．

1 酸化反応と還元反応

 私たちは，火を利用して生活している．天然ガス（メタン）の燃焼について考えてみよう！

この反応は，以下のように表すことができる．

$$CH_4 + 2O_2 \longrightarrow CO_2 + 2H_2O \tag{7・1}$$

また，銅を加熱すると酸化されて，黒色の酸化銅（Ⅱ）（CuO）を生じる．逆に，酸化銅（Ⅱ）を加熱しながら水素（H_2）と反応させると，もとの銅に戻る．

$$2Cu + O_2 \longrightarrow 2CuO \tag{7・2}$$

$$CuO + H_2 \longrightarrow Cu + H_2O \tag{7・3}$$

ある物質が酸素と化合したことを **酸化**（oxidation）といい，酸素を失ったことを **還元**（reduction）という．したがって，式（7・1）では「メタンが酸化された」酸化反応，式（7・2）では「銅が酸化された」酸化反応，式（7・3）では「酸化銅（Ⅱ）が還元された」還元反応といえる[*1]．

還元された　　　酸化された

図7.1　酸素と酸化・還元

しかし，式（7・3）では，水素は酸素と化合しているので酸化されている．このように，ひとつの反応系において酸化と還元は同時に起こるので，このような反応を一般に **酸化還元反応**（oxidation-reduction reaction, redox reaction）という．式（7・1）や式（7・2）のような反応を酸化反応，式（7・3）のような反

応を還元反応と便宜的にいうのは，どの物質の変化に特に着目しているかによる．

2 電子の移動と酸化還元

酸化還元反応は，電子をやりとりする反応といえる．電子はどのようにやりとりされるのだろう？

酸化還元反応は，酸素や水素のやりとりで説明することもできるが，広義には，電子の移動，つまり電子のやりとり（授受）を伴う反応であるといえる．

電子を e^- で表し，式 (7・2) の銅と酸素の変化をそれぞれイオン反応式で表すと図 7.2 のようになる．

式 (7・4) では，2 mol の銅 (2Cu) が 4 mol の電子 ($4e^-$) を失い 2 mol の銅イオン (Cu^{2+}) となり，式 (7・5) では 1 mol の酸素 (O_2) が 4 mol の電子 ($4e^-$) を得て 2 mol の酸化物イオン ($2O^{2-}$) となっている（図 7.2）．ある原子（または原子団）が電子を失ったことを「酸化された」，電子を得たことを「還元された」と考える（図 7.3）．したがって，式 (7・2) では，銅は酸化され，酸素は還元されたといえる．

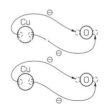

Cuから O へ各2個ずつ合計4個の電子が渡された

図 7.2 電子の移動

原子が電子を失うと「酸化された」　　原子が電子を受け取ると「還元された」

図 7.3 電子のやりとりによる酸化と還元

---

*1 水素を失う反応を酸化，逆に水素と化合する反応を還元というように，水素のやりとりで酸化・還元を定義することもできる．

私たちの生活の中にある，電池や電気分解を利用した化学めっきなどの多くは，電子の移動を伴う化学反応，つまり酸化還元反応を利用したものである．

3 酸化数

電子の移動を簡単に知る方法はないだろうか？

反応前後の原子（あるいは原子団）の電子の移動を考えるには，酸化数(oxdation number) を用いるとよい．酸化数は，物質中の電子を図7.4 の①〜⑤の規則に従ってその物質を構成する各原子に割り当て，その原子がもつ電荷を表す数をいう．

こうして決めたある原子の酸化数が，反応前後で比較して増加している（電子を失った）ときその原子は「酸化された」と考え，減少している（電子を得た）ときは「還元された」と考える．たとえば，鉄が塩酸に溶け，水素を発生する反応を考えてみよう．図7.5 の反応において鉄の酸化数は $0 \rightarrow +2$ と増加したので，鉄は酸化されたと考える．逆に水素の酸化数は $+1 \rightarrow 0$ と減少したので，水素は還元されたと考える．表7.1 に化合物中の窒素（N）と硫黄（S）の酸化数の例を示す．

●酸化数を決める規則
① 単体中の原子の酸化数は0とする
② 化合物中の水素の酸化数は＋1，酸素の酸化数は－2とする
③ 化合物中の各原子の酸化数の総和は0とする
④ 単原子のイオンの酸化数は，そのイオンの価数に等しいとする
⑤ 原子団からなるイオンでは，各原子の酸化数の総和は，そのイオンの価数に等しいとする

※ただし，1族，2族の金属の水素化物など (NaH, LiAlH₄) の水素の酸化数や，過酸化物中の酸素の酸化数はいずれも－1とする．

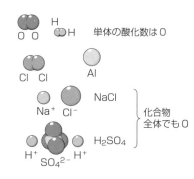

図7.4 酸化数の考え方

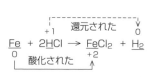

Fe ⟶ Fe²⁺ + 2e⁻
2H⁺ + 2e⁻ ⟶ H₂

Feから2個の電子がH⁺
2個へそれぞれ渡された

図7.5 電子の移動

表 7.1 化合物中の N, S の酸化数の例

酸化数 原子	-3	-2	-1	0	+1	+2	+3	+4	+5	+6
N	NH_3			N_2	N_2O	NO	HNO_2	NO_2	HNO_3	
S		H_2S		S				SO_2		H_2SO_4

4 酸化剤と還元剤

> 酸化剤は，相手を酸化したあとどうなるのだろう？

酸化反応を起こさせることのできる試薬を**酸化剤**（oxidizing reagent），還元反応を起こさせることのできる試薬を**還元剤**（reducing reagent）という．たとえば，ヨウ化カリウム（KI）溶液に塩素（Cl_2）を加えるとヨウ素（I_2）が遊離し，溶液が赤褐色になる．このとき，KI 中の I は酸化数 $-1 \to 0$ と電子を失って自身は酸化されると同時に相手の Cl_2 を還元したので，KI は還元剤である．また，Cl_2 は酸化数 $0 \to -1$ と電子を得て自身は還元されると同時に相手の I を酸化したので酸化剤である．このように，酸化剤は相手を酸化すると同時にそれ自身は還元され，還元剤は

$$\underset{-1}{2KI} + Cl_2 \longrightarrow 2KCl + \underset{0}{I_2}$$
（還元された：$0 \to -1$／酸化された：$-1 \to 0$）

表 7.2 主な酸化剤と還元剤

酸化剤		還元剤	
物 質	反応例	物 質	反応例
$KMnO_4$（硫酸性）	$MnO_4^- + 8H^+ + 5e^- \longrightarrow Mn^{2+} + 4H_2O$	H_2	H_2
$K_2Cr_2O_7$（硫酸性）	$Cr_2O_7^{2-} + 14H^+ + 6e^- \longrightarrow 2Cr^{3+} + 7H_2O$	H_2S	$H_2S \longrightarrow S + 2H^+ + 2e^-$
HNO_3（希）	$HNO_3 + 3H^+ + 3e^- \longrightarrow NO + 2H_2O$	KI	$2I^- \longrightarrow I_2 + 2e^-$
HNO_3（濃）	$HNO_3 + H^+ + e^- \longrightarrow NO_2 + H_2O$	$H_2C_2O_4$	$H_2C_2O_4 \longrightarrow 2CO_2 + 2H^+ + 2e^-$
H_2SO_4（熱濃硫酸）	$H_2SO_4 + 2H^+ + 2e^- \longrightarrow SO_2 + 2H_2O$	$FeSO_4$	$Fe^{2+} \longrightarrow Fe^{3+} + e^-$
O_3	$O_3 + 2H^+ + 2e^- \longrightarrow O_2 + H_2O$	Na	$Na \longrightarrow Na^+ + e^-$
Cl_2	$Cl_2 + 2e^- \longrightarrow 2Cl^-$	H_2O_2*	$H_2O_2 \longrightarrow O_2 + 2H^+ + 2e^-$
H_2O_2*	$H_2O_2 + 2H^+ + 2e^- \longrightarrow 2H_2O$	SO_2*	$SO_2 + 2H_2O \longrightarrow SO_4^{2-} + 4H^+ + 2e^-$
	$H_2O_2 + 2e^- \longrightarrow 2OH^-$		
SO_2*	$SO_2 + 4H^+ + 4e^- \longrightarrow S + 2H_2O$		

* 酸化剤として働くか，還元剤として働くかは，その組合せによって決まる．過酸化水素 H_2O_2 は普通酸化剤として用いるが，過マンガン酸カリウムなどの強い酸化剤と組み合わせると還元剤として働く

相手を還元してそれ自身は酸化される．**表 7.2** に主な酸化剤と還元剤を示す．

5 酸化還元反応式

酸化還元反応は，多くの反応物質や生成物質が関係するので，その変化を化学反応式で表す場合，未定係数法（反応式の各項の係数を未知数として連立方程式を立ててそれぞれの係数を求める方法）などで各物質の係数を決めることは難しいことが多い．そこで，酸化剤，還元剤ごとのイオン反応式（半反応式ということがある）を組み合わせて，全体の反応式を考えることが多い．

一般に，酸化剤 Ox は電子を得て別の物質に変化するが，この反応を逆に見ると，生成物は電子を失ってもとの酸化剤にもどるので還元剤 Re と考えられる．また，還元剤についても同様に考えられるので，これらをイオン反応式で表すと式 (7・6)，式 (7・7) となる．ここで，酸化還元反応ではやりとりされる電子の数が等しいので，$m \times$（7・6）$+ n \times$（7・7）から式 (7・8) が得られる．

$$\text{Ox}_1 + ne^- \longrightarrow \text{Re}_1 \tag{7・6}$$

$$\text{Re}_2 \longrightarrow \text{Ox}_2 + me^- \tag{7・7}$$

$$m\text{Ox}_1 + n\text{Re}_2 \longrightarrow m\text{Re}_1 + n\text{Ox}_2 \tag{7・8}$$

また，式 (7・6)，式 (7・7) で関係づけられるそれぞれ一対の物質（Ox_1 と Re_1，Re_2 と Ox_2）を酸化還元対またはレドックス（redox）対という．このようにして，酸化剤と還元剤のそれぞれの働きを示す半反応式から電子 e^- を消去すると，酸化還元反応を示すイオン反応式が得られる．

 実験例 過マンガン酸カリウム（$KMnO_4$）とシュウ酸（$H_2C_2O_4$）の反応

表 7.2 からそれぞれ半反応式を選ぶ．

酸化剤：$MnO_4^- + 8H^+ + 5e^- \longrightarrow Mn^{2+} + 4H_2O$ (7・9)

還元剤：$H_2C_2O_4 \longrightarrow 2CO_2 + 2H^+ + 2e^-$ (7・10)

式 (7・9) と式 (7・10) の電子数をそろえて両式を加える．

$$2MnO_4^- + 16H^+ + 10e^- \longrightarrow 2Mn^{2+} + 8H_2O \quad (7\cdot9)\times 2$$

$$5H_2C_2O_4 \longrightarrow 10CO_2 + 10H^+ + 10e^- \quad (7\cdot10)\times 5$$

$$\overline{2MnO_4^- + 6H^+ + 5H_2C_2O_4 \longrightarrow 2Mn^{2+} + 8H_2O + 10CO_2} \quad (7\cdot11)$$

こうして，過マンガン酸カリウムとシュウ酸の酸化還元反応を示すイオン反応式が得られる．この反応は硫酸酸性下で行われ，反応の前後でカリウムイオンは変化しないので，式 (7・11) の両辺に，カリウムイオン（$2K^+$）

と硫酸イオン（$3SO_4^{2-}$）を加えると，実際の化学反応式が得られる．
$$2KMnO_4 + 3H_2SO_4 + 5H_2C_2O_4 \longrightarrow K_2SO_4 + 2MnSO_4 + 8H_2O + 10CO_2$$

6 酸化還元滴定

　酸化還元反応は電子の授受を伴う反応であるから，酸化剤が得る電子の物質量と還元剤が失う電子の物質量は等しい．この関係を利用して，中和滴定と同様に，既知濃度の溶液を用いて試料溶液の濃度を求めることができる．

　いま，1 mol の酸化剤の得る電子が n〔mol〕で，1 mol の還元剤が失う電子が n'〔mol〕であるとする．濃度 c〔mol/L〕の酸化剤の水溶液 V〔mL〕と，濃度 c'〔mol/L〕の還元剤の水溶液 V'〔mL〕とが過不足なく反応したとすると

$$\underset{\text{酸化剤が得た電子の物質量}}{nc\frac{V}{1\,000}\,\text{〔mol〕}} = \underset{\text{還元剤が得た電子の物質量}}{n'c'\frac{V'}{1\,000}\,\text{〔mol〕}} \tag{7・12}$$

となり，式 (7・12) より，次の関係式 (7・13) が成り立つ．

$$ncV = n'c'V' \tag{7・13}$$

　この関係を利用して，未知濃度の酸化剤（または還元剤）の水溶液の一定体積に対し，既知濃度の還元剤（または酸化剤）の水溶液を加えて，ちょうど過不足なく反応する体積を測定することで，未知濃度の水溶液の濃度を知ることができる．この操作を**酸化還元滴定**（oxidation-reduction titration）といい，中和滴定と同様に，定量分析の手法として広く用いられている．なお，滴定の終点を知るには，酸化剤または還元剤の変色を利用したり，適当な指示薬を用いる．特に，酸化剤として硫酸酸性下[*2]で過マンガン酸カリウムを用いる場合は，Mn^{7+}（赤紫色）$\longrightarrow Mn^{2+}$（無色）[*3] の変色を利用することが多い（**図 7.6**）．

図7.6　過マンガン酸カリウムを用いた滴定例

[*2]　過マンガン酸カリウムはアルカリ下では次の反応を示す．$MnO_4^- + 2H_2O \rightarrow MnO_2 + 4OH^-$
[*3]　Mn^{2+} の水溶液は薄い桃色だが，ここでは濃度が薄いため，ほぼ無色となる．

7-2 金属のイオン化傾向と電池

金属原子は水中で電子を失って，金属イオンになりやすい性質がある．

① 金属が金属イオンになりやすい順に並べたものをイオン化列といい，イオンになりやすさは，金属の標準電極電位で評価される．
② イオン化傾向が大きな金属は反応性が大きく，イオン化傾向が小さな金属は反応性に乏しい．
③ 電池は化学エネルギーを電気エネルギーに変換する装置で，酸化剤・還元剤・電解質の組合せからなる．

1 金属のイオン化傾向

 金属は，電子を失って陽イオンになりやすい．金属によって，電子の失われやすさがあるのだろうか？

金属原子は水中で電子を失って，金属イオン（陽イオン）になりやすい．しかし，金属によって，イオンになりやすいものとなりにくいものがある．それを実験で確かめてみよう．

実験例

たとえば，5%-硫酸銅（$CuSO_4$）水溶液中に亜鉛（Zn）をつるしたものと，5%-硝酸銀（$AgNO_3$）水溶液中に銅板（Cu）をつるしたものを用意し，このとき起こる変化について考えてみよう．

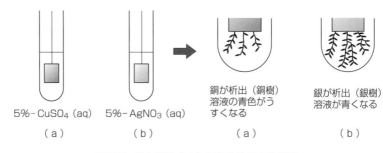

図7.7 銅と銀のイオンになりやすさの比較

図7.7の(a), (b)ではそれぞれ次のような反応が起きていると考えられる.

(a) $\text{Zn} \longrightarrow \text{Zn}^{2+} + 2e^-$
$\underline{\text{Cu}^+ + 2e^- \longrightarrow \text{Cu}}$
$\text{Zn} + \text{Cu}^{2+} \longrightarrow \text{Zn}^{2+} + \text{Cu}$

(b) $\text{Cu} \longrightarrow \text{Cu}^{2+} + 2e^-$
$\underline{2\text{Ag}^+ + 2e^- \longrightarrow 2\text{Ag}}$
$\text{Cu} + 2\text{Ag}^+ \longrightarrow \text{Cu}^{2+} + 2\text{Ag}$

以上の結果から,(a)では銅(Cu)よりも亜鉛(Zn)が,(b)では銀(Ag)よりも銅(Cu)がイオンになりやすいことがわかる(Zn>Cu>Ag).このように,金属が水中でイオンを失って金属イオンになる性質を**イオン化傾向**(ionization tendency)という.

主な金属をイオン化傾向の大きい順に並べ,また,それぞれの金属と水・空気・酸との反応について図7.8に示した.

	Li K Na Mg	Al Zn Fe	Ni Pb (H₂) Cu Hg	Ag Pt Au
水との反応	室温で水と反応し水素を発生	高温で水蒸気と反応し,水素を発生	水と反応しにくい	
空気との反応	室温ですみやかに酸化	加熱により酸化	強熱すると酸化	酸化されない
酸との反応	希酸(HCl, H_2SO_4)と反応し水素を発生 酸化力のある酸とも反応する		酸化力のある酸と反応する	王水と反応する
金属との反応性	大 ← 金属は酸化されやすい	イオン化傾向	金属イオンは還元されやすい →	小

図7.8 金属のイオン化列と反応性

図7.8のような金属の並びを**イオン化列**(ionization series)という.イオン化傾向は,本来,金属の**標準電極電位**(standard electrode potential)(後述)で評価され,溶液の濃度やその他の条件によっては,必ずしもこの順序通りにならない場合もある.また,水素(H_2)は金属ではないが,金属と同じように水中で陽イオンになる性質があるので,イオン化列の中に加えてある.

一般に,イオン化傾向の大きな金属ほど反応性に富み,電子を放出して陽イオンになりやすい.

2 ダニエル電池

実験例 ダニエル電池を作ろう

① 図7.9のように円筒形のガラス容器に1 mol/L−$ZnSO_4$溶液を入れ,磨いたZn板を入れる.

② 素焼筒の中に 1 mol/L-$CuSO_4$ 溶液を入れ，磨いた Cu 板を入れる．
③ ②を①の溶液中に沈める．このとき，$CuSO_4$ 溶液の液面は，$ZnSO_4$ の液面より低くなるようにする．
④ Cu 板と Zn 板を豆電球をつないだ導線で接続し，電球が点灯するかどうかを確かめる．また，テスターを用いて，電圧を測定してみる．

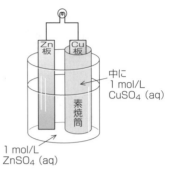

図7.9 ダニエル電池の構造

この実験で作製した電池は，化学者ダニエル（J. F. Daniell，イギリス）によって 1836 年に考案されたもので，**ダニエル電池**（Daniell cell）という．ダニエル電池は起電力（電圧）の変化が少なく気体も発生しないので，ボルタ電池（後述）よりも優れた電池であると評価され，電話交換機用電源として実用にされた．

ダニエル電池は，銅と亜鉛のイオン化傾向の違いから次のように説明できる．亜鉛 Zn は銅 Cu よりもイオン化傾向が大きいので，ダニエル電池中でこれらの金属板を導線でつなぐと，亜鉛は亜鉛イオン Zn^{2+} となって溶液中に溶け出す．このとき，亜鉛板上には電子が残り，この電子が導線を通って銅板に移動する．銅板の付近にある銅イオン Cu^{2+} はこの電子を受け取って銅に変化する．このような化学変化が続けて起こることによって，導線中を継続して電子が移動する．このときの変化をイオン反応式で表すと，次のようになる．

$$Zn \longrightarrow Zn^{2+} + 2e^-$$
$$\downarrow \text{導線中を移動}$$
$$Cu^{2+} + 2e^- \longrightarrow Cu$$

全体では，$Zn + Cu^{2+} \longrightarrow Zn^{2+} + Cu$

【**ボルタ電池**（$Zn(s) | H_2SO_4(aq) | Cu(s)$）】

医学者ガルバーニ（L. Galvani，イタリア）は，死んだカエルの筋肉が 2 種の金属に同時に触れるとぴくぴく動くことに気づき，筋肉から電気が発生（生物電気）していると考えた（1780 年頃）．これに対し，物理学者ボルタ（Alessandro Volta，イタリア）は，カエルに起こるけいれんは，動物自身がもつ電気ではなく，金属の接触によるものであると考えた．そこでボルタは，異種の金属を接触させて実験を行い，自分の仮説が正しいことを確認した．

1800年，ボルタによって電池が考案された（図 **7.10**）．これが電池の起源で，ボルタは化学反応が電流を生み出すことを明らかにした．それぞれの極での反応は

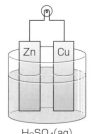

負極：$Zn \longrightarrow Zn^{2+} + 2e^-$

正極：$2H^+ + 2e^- \longrightarrow H_2$

となり，全体では

$Zn + H_2SO_4 \longrightarrow ZnSO_4 + H_2$

図 7.10 ボルタ電池の構造

となる．

しかし，ボルタ電池は銅の表面を水素の気泡が覆ってしまう（分極）などの理由により，すぐに使えなくなった．なお，電位，電圧の単位ボルト（volt）は，彼の名前に因んでつけられた．

最初ボルタは，図 **7.10** のようなひとつの容器に入った電池ではなく，食塩水を入れたふたつの容器を使って電流を発生させた．まず一端が銅，他端が亜鉛の針金を弧状に作り，一方の食塩水に銅の部分が，もう一方に亜鉛が浸るようにして，ふたつの容器を針金で接続した．このように，一組にして使用する器具を一般にバッテリー（battery）と呼ぶことから，ボルタの装置は歴史上初の電気バッテリー（電池）となった．

その後ボルタは，銅と亜鉛の小さな円板と食塩水をしみこませた厚紙の円板を利用して，小型で水を使わなくてすむ装置に改良した．この装置を利用して，水や硫酸銅溶液などに電気が流され，化合物が電気を用いて分解できる（電気分解）ことが発見された．

3　電池のしくみ

 電池はどのようにして電子を作っているのだろう？　また，電池はどのようなしくみをもっているのだろう？

電池（cell, battery）は，化学エネルギーを電気エネルギーに変換して取り出す装置をいう．ダニエル電池を例に，電池のしくみについて考えてみよう．

亜鉛（Zn）板のように，継続的に電子を放出して，電子が出ていく**電極**（electrode）を**負極**（anode, negative electrode）という．逆に，銅（Cu）板

のように電子を消費して，電子が入ってくる電極を**正極**（cathode, positive electrode）という．このとき，電子は負極から正極に移動し，電流はそれと反対向きである，正極から負極に向けて流れたと考える（**図7.11**）．

（注意）電気分解（7-4節）では，陽極（＋極）がanode，陰極（－極）がcathodeとなるので，注意が必要である．

正極は負極よりも**電位**（electric potential）が高く，両極間の**電位差**（potential difference）が大きいほど電子を移動させる力が大きい（**図7.12**）．この力を，電池の**起電力**（electromotive force）という．起電力の単位は〔V〕で，ダニエル電池では約1Vある．普通，電極間の電位差を電池の**電圧**（voltage）という．

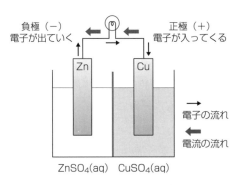

図7.11 ダニエル電池の電子と電流の流れ

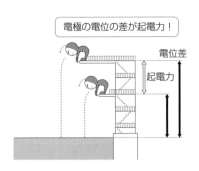

図7.12 電池の起電力と電位差の関係

ダニエル電池での変化を酸化還元反応の視点から見てみよう．負極の亜鉛Zn板は電子を失い酸化され亜鉛イオンZn^{2+}に変化しているので，還元剤として働いたと考えることができる．逆に，正極では銅イオンCu^{2+}が電子を受け取り還元されてCuになっているので，銅は酸化剤として働いたと考えることができる．このように，電池の中では，負極と正極の間で酸化還元反応が起こり，化学エネルギーが電気エネルギーに変換されていると考えることができる．

つまり，電池は酸化剤と還元剤，電気伝導性をもつ**電解質**（electrolyte）の組合せによって成り立っていると考えることができる．したがって，電極の材料は必ずしも金属である必要はない（**図7.13**）．

実際に実用電池の両極の材料を見てみると，負極

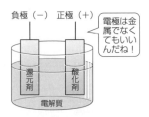

図7.13 電池のしくみ

の還元剤には金属が多く用いられているが，正極の酸化剤には金属酸化物が多く用いられている．

電池の構成を**電池式**（cell diagram）を用いて表すこともある．たとえば，ダニエル電池の電池式は

$$\ominus \text{Zn(s)} \mid \text{ZnSO}_4\text{(aq)} \vdots \text{CuSO}_4\text{(aq)} \mid \text{Cu(s)} \oplus$$

ボルタ電池の電池式は

$$\ominus \text{Zn(s)} \mid \text{H}_2\text{SO}_4\text{(aq)} \mid \text{Cu(s)} \oplus$$

のように表せる．記号の｜は電極と電解質溶液が接触していることを表す．また⋮は 2 種の溶液が多孔質の膜や板を通じてつながっていることを示す．

> **実験例　レモン電池**
>
> 亜鉛板と銅板，レモンを使っても電池ができる（**図 7.14**）．半分に切ったレモンに，亜鉛板と銅板（表面をバーナーで焼いたもの）をさし，これを何個か直列につなぐと，モータを回転させることができる．
>
> このとき，還元剤は亜鉛（Zn），酸化剤は銅板上の酸化銅（CuO），電解液はレモン果汁である．レモン果汁には，クエン酸などの有機酸が多く含まれている．

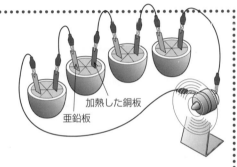

図 7.14　レモンを使った電池

4　電極電位

電池の起電力は，正極と負極に用いられる物質の種類や電解質によって異なる．電極の種類と起電力の関係について考えてみよう．

電極と電解質溶液とを接触させると，これらの間に電位差が生じる．この電位差を**電極電位**（electrode potential）という．2 種類の電極を組み合わせて電池を作ると，それぞれの電極電位の差が電池の起電力となる．各電極の電極電位を

求めたい場合，ひとつの電極だけでその電極電位を測定することはできないので，**標準水素電極**（standard hydrogen electrode，図**7.15**）を基準として，これを他の電極と組み合わせて電池を作り，その起電力から電極電位を求める．標準水素電極の電極電位は，どんな温度においても0とする．したがって，ある電極と標準水素電極とを組み合わせて作った電池の起電力は，その電極の電極電位である．

たとえば亜鉛板の電極電位の測定を考えてみよう．図**7.16**のような装置を組み立て，標準水素電極と亜鉛板の起電力を測定すればよい．ここで，**塩橋**（salt bridge）は，濃塩化カリウム KCl 水溶液に寒天を加えて，これをガラス管の中で固めたもので，ふたつの容器間に導電性をもたせる働きをする．

図7.15　標準水素電極

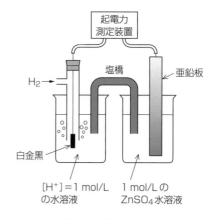

図7.16　電極電位の測定

標準水素電極は，電極電位の測定の基準となる電極であるが，取扱いが不便である．そこで，その代わりとして図**7.17**のような銀—塩化銀電極がよく使用される．この電極の電位は，25℃で+0.20 V である．

このように，標準水素電極の代わりとして用いられる電極を，**参照電極**（reference electrode）という．

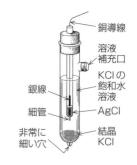

図7.17　銀—塩化銀電極の構造

5 標準電極電位

ある金属の電極電位は，その金属に接する溶液の濃度や温度によって変わる．金属に接する水溶液の金属イオン濃度が 1 mol/L であるときの電極電位を，**標準電極電位**（standard electrode potential）といい，$E°$ で表す．図 **7.18** に，25℃における種々の金属の標準電極電位を示した．標準電極電位が負の値をもつ金属は，標準水素電極と組み合わせると，その電極は負極になることを示し，逆に正の値をもつ金属はその電極が正極になることを示している．

この値を用いて，ダニエル電池の起電力を求めてみよう．ダニエル電池は，Zn｜Zn^{2+} 水溶液と Cu｜Cu^{2+} 水溶液である 2 つの電極を組み合わせたもので，その金属水溶液の濃度は，いずれも 1 mol/L である．したがって，25℃におけるそれぞれの電極電位は，標準電極電位に等しいから

$E°_{Zn} = -0.76$ V, $E°_{Cu} = 0.34$ V

で，Cu 電極が正極，Zn 電極が負極となる．この電池の 25℃における起電力 E は，正極と負極の電位差の差となる（図 **7.19**）．

$E = E°_{Zn} - E°_{Cu} = 0.34 - (-0.76) = 1.10$ V

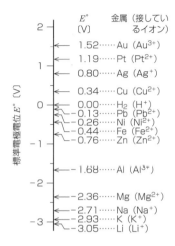

図 7.18 金属の標準電極電位極の起電力

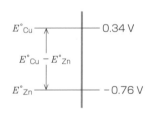

図 7.19 Cu 電極と Zn 電極の起電力

濃度が 1 mol/L でない溶液に接し，温度が 25℃でないふたつの電極を組み合わせてできる電池の起電力は，以下の**ネルンスト式**（Nernst equation）などを利用して求めることができる．

$aA + bB \longrightarrow cC + dD$ において

$$E = E° = \frac{RT}{nF} = \ln \frac{(a_C)^c (a_D)^d}{(a_A)^a (a_B)^b}$$

となる．

7-3 実用電池

携帯機器には,電池が必要である.実用電池には,その用途に応じていろいろな種類・形のものがある.

① 電池は化学エネルギーを電気エネルギーに変換する装置で,放電だけの一次電池と,充電・放電が可能な二次電池に分類される.
② 自然エネルギーを利用した太陽電池,少しずつ実用化されてきた燃料電池など,環境に配慮した電池の研究も進んでいる.

1　実用一次電池

私たちの生活の中では,携帯機器を中心に多くの電池が使われている.その用途と構造を考え,どのようなものにどのような特徴をもった電池が使われているのかみてみよう.

　前節まで電池の構造や起電力について考えてきたが,実際に私たちの生活で使われている電池を**実用電池**(practical cells)という.**図 7.20** に実用電池の分類を示す.電池を使用して電流を取り出すことを**放電**(discharge)という.逆に放電によって起電力が下がったとき,外部から逆向きにその電池よりも高い起電

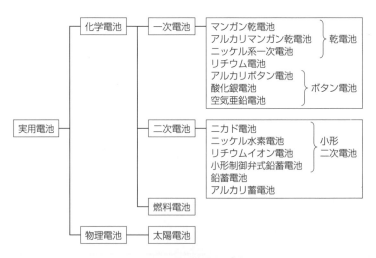

図 7.20　実用電池の分類

力で電流を流すことにより起電力を回復させることを**充電**（charge）という．電池には，充電のできない使い捨ての一次電池（primary cell）と，充電が可能な二次電池（secondary cell）または蓄電池（storage battery）がある．

よく使用されている実用一次電池は，マンガン乾電池，アルカリマンガン乾電池，酸化銀電池，リチウム（マンガン）電池である．これらの一次電池の構造と特徴を**表 7.3** に示す．

表 7.3　主な一次電池の構造と特徴

名　称	構造（電池式）	起電力〔V〕	特徴と用途
マンガン乾電池	$Zn \mid ZnCl_{2(aq)} \mid MnO_2, C$	1.5	一般用，安価
アルカリマンガン乾電池	$Zn \mid KOH_{(aq)} \mid MnO_2$	1.5	マンガン乾電池より高性能（ストロボ，携帯機器）
酸化銀電池	$Zn \mid KOH_{(aq)} \mid Ag_2O$	1.55	起電力安定・小型・高出力（電卓・時計・カメラ）
リチウム電池	$Li \mid LiBF_{4(org.sol.)} \mid MnO_2$	3.0	小型・軽量・高電圧（時計・カメラ・メモリーバックアップ）

一次電池の代表として，マンガン乾電池の構造と反応について考えてみよう．マンガン乾電池の正極用電極は炭素棒（C），正極物質として二酸化マンガン（MnO_2）が用いられている（導電性をよくするために炭素粉末（カーボンブラック）を混ぜてある）．負極用電極として亜鉛筒（Zn）を用い，電解質溶液（電解液）として塩化亜鉛水溶液（$ZnCl_2(aq)$）

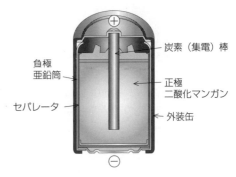

図 7.21　マンガン乾電池の構造[*4]

にデンプンを加えてペースト状にしたものを紙（セパレータ）に塗布し，亜鉛筒と二酸化マンガンの間に入れてある．乾電池の構造を電池式を用いて表すと，$\ominus Zn(s) \mid ZnCl_2(aq) \mid MnO_2, C \oplus$ となる．また，放電時の反応は，次のようになる．

[*4]　出典　内田隆裕：なるほどナットク！電池がわかる本，オーム社（2003）

負極：$Zn \longrightarrow Zn^{2+} + 2e^-$

正極：$2MnO_2 + 2H^+ + 2e^- \longrightarrow 2MnO(OH)$

負極では亜鉛が電子を放出して亜鉛イオンになる．この電子は，導線を通って正極に達し，電解液中の水素イオンと二酸化マンガンと反応して，二酸化マンガンは還元されて酸化水酸化マンガン（MnO(OH)）になる．これらの反応をまとめると，下のようになる．

$$8MnO_2 + 8H_2O + ZnCl_2 + 4Zn \longrightarrow 8MnO(OH) + ZnCl_2 \cdot 4Zn(OH)_2$$

このように，マンガン乾電池は，亜鉛が酸化され二酸化マンガンが還元される反応で放出される化学エネルギーを電気エネルギーに変えて取り出す装置である．この他の一次電池の構造と反応を**図 7.22** に示す．

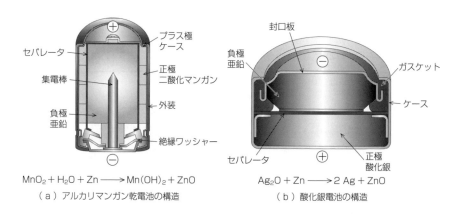

図 7.22　その他の一次電池の構造と反応[*4]

Column 日本の電池生産

図 7.23 は 2017 年度の電池の総生産（総数・総額）である．生産個数は，一次電池 23.6 億個（57%），二次電池 17.7 億個（43%）と，一次電池の生産個数に二次電池の生産個数が近づきつつある．また，二次電池の単価が高いため総額では，一次電池 640 億円（7.9%），二次電池 7 501 億円（92.1%）となっている．

一次電池では，2000 年頃からマンガン乾電池よりもアルカリマンガン乾電池の生産が多くなり，1993 年より生産が開始されたリチウム電池の生産量は 2000 年には倍増している．二次電池では，自動車用の鉛蓄電池の生産量は比較的安定しており，ニッケル水素電池の生産は減少し，高出力のリチウムイオン電池の生産が増加している．これは，電気自動車の普及によるもので，今後も増加すると考えられる．

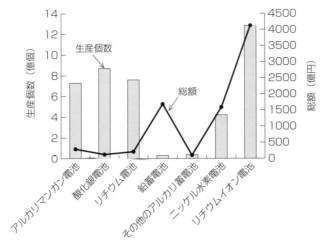

図7.23 電池の総生産(経済産業省機械統計，2017年)

2 実用二次電池

自動車のバッテリーを中心に使われる鉛蓄電池（lead storage battery）は，負極に鉛（Pb），正極に二酸化鉛（PbO_2），電解液に比重約 1.25 の希硫酸を使用している．その構造を **図 7.25** に示す．鉛蓄電池の起電力は約 2 V で，放電によって 1.8 V まで起電力が低下したら充電しなければならない．そうでないと，充

充電ができる電池が二次電池

図7.24　二次電池とは

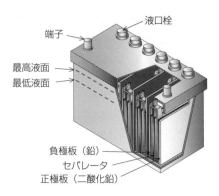

図7.25　鉛蓄電池の構造[*4]

電によってもとの状態に回復させるのが困難になる．

　鉛蓄電池は，放電すると両極とも硫酸に難溶性の硫酸鉛（Ⅱ）（$PbSO_4$）を生成し，充電すると硫酸が再生されてもとの鉛と二酸化鉛に戻る．また，電解液である硫酸の濃度は放電するに従って低下し，充電するともとに戻る．電解液に水を補給するときは，電解液中に不純物が入ると電池の性能に悪影響を与えるので，純水を使用する．鉛電池の両極での反応を以下に示す．

$$\text{負極：} Pb + SO_4^{2-} \underset{充電}{\overset{放電}{\rightleftarrows}} PbSO_4 + 2e^-$$

$$\text{正極：} PbO_2 + 4H^+ + SO_4^{2-} + 2e^- \underset{充電}{\overset{放電}{\rightleftarrows}} PbSO_4 + 2H_2O$$

これらの式をひとつにまとめると

$$Pb + 2H_2SO_4 + PbO_2 \underset{充電}{\overset{放電}{\rightleftarrows}} 2PbSO_4 + 2H_2O$$

となる．鉛蓄電池では，鉛が酸化され二酸化鉛が還元されるときの化学エネルギーを電気エネルギーとして利用している．

　リチウムイオン電池は，近年，携帯電話，デジタルカメラ，ビデオカメラ，ノート型パソコンなど多くの携帯機器に使用されるようになった．この電池は，負極に黒鉛（C），正極にコバルト酸リチウム（$LiCoO_2$）などを用い，電解液はジエチルカーボネートなどの有機溶媒に $LiBF_4$ や $LiPF_6$ のようなリチウム塩を溶かしたものを使用している．電池内での反応は，$Li_{(1-x)}CoO_2 + Li_xC \rightleftarrows LiCoO_2 + C$ と表せる．形状は，円筒形や直方体などの形状をしており，その構造は図

7.26 に示すような積層構造になっている．

実用二次電池には，この他にニッケル・カドミウム（ニカド）電池，ニッケル水素電池などがある．主な二次電池の構造と特徴を**表7.4**に示す．

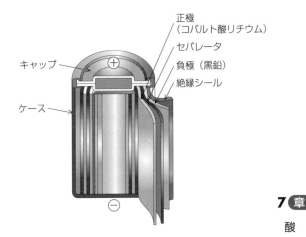

図7.26　リチウムイオン電池の構造*4

表7.4　主な二次電池の構造と特徴

名　称	構造（電池式）/ 反応	超電力〔V〕	特徴と用途
鉛蓄電池	$Pb \mid H_2SO_{4(aq)} \mid PbO_2$ $Pb + 2H_2SO_4 + PbO_2 \underset{充電}{\overset{放電}{\rightleftarrows}} 2PbSO_2 + 2H_2O$	2.0	安価（自動車・産業用）
ニッケル・カドミウム電池	$Cd \mid KOH_{(aq)} \mid NiO(OH)$ $2NiO(OH) + Cd + 2H_2O \underset{充電}{\overset{放電}{\rightleftarrows}} 2Ni(OH)_2 + Cd(OH)_2$	1.5	機械的強度大・長寿命（携帯機器・産業用）
ニッケル水素電池*	$MH \mid KOH_{(aq)} \mid NiO(OH)$ $NiO(OH) + MH \underset{充電}{\overset{放電}{\rightleftarrows}} Ni(OH)_2 + M^*$	1.2	軽量・高エネルギー密度（携帯機器・電気自動車）
リチウムイオン電池	$LiCoO_2 \mid LiBF_{4(org.sol.)} \mid C$ $Li_{(1-x)}CoO_2 + Li_xC \underset{充電}{\overset{放電}{\rightleftarrows}} LiCoO_2 + C$	3.6	小型・軽量・高電圧（携帯電話・カメラ・ノート型パソコンなどの携帯機器）

＊　MHは金属水素化物，Mは水素吸蔵合金を表す

3 燃料電池と太陽電池

これからの発電方式として期待されている，環境負荷の低い燃料電池や太陽電池はどうやって電気を作るのだろう．

燃料電池（fuel cell）は，正極物質として空気または酸素，負極物質として水素あるいはメタン（天然ガス），メタノールなどを改質器を通して外部から供給して電気エネルギーを取り出す装置である（図 **7.27**）．負極に燃料を供給し続ける限り，理論的には永久に電気を発生させることができる．しかし，実際には

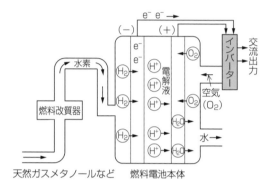

図7.27 燃料電池の概念図

隔膜や触媒の劣化により，起電力が低下する．燃料電池にはいろいろな種類があり次のように分類される．

高温形 { 固体酸化物形燃料電池（SOFC） / 溶融炭酸塩形燃料電池（MCFC） }

低温形 { リン酸形燃料電池（PAFC） / 高分子電解質形燃料電池（PEFC） / アルカリ水溶液形燃料電池（AFC） }

両極での反応は，種類によって異なるが，その一例を下に示す．

水素極（負極）：$2H_2 \longrightarrow 4H^+ + 4e^-$

酸素極（正極）：$O_2 + 4H^+ + 4e^- \longrightarrow 2H_2O$

また，負極物質として水素以外の燃料（メタン・メタノールなど）を用いた場合，それらの燃料から水素を取り出すために水蒸気と反応させ改質（reform）する必要がある．改質の反応例を以下に示す．

$$CH_4 + 2H_2O \longrightarrow 4H_2 + CO_2 \qquad CH_3OH + H_2O \longrightarrow 3H_2 + CO_2$$

燃料電池は，火力発電に比べて二酸化炭素や有害物質の排出が少なく，エネルギー変換効率が高いため，環境負荷の少ないエネルギー変換装置として期待されている．その利用は，工場電源や自動車，家庭用電源など非常に幅広い．しかし，

隔膜の耐久性や白金（Pt）などの高価な触媒を用いる点やインフラの整備の問題など，実用化に向けての課題がある．

太陽電池（solar battery）は，物理電池に分類される．太陽電池は，半導体の原子に太陽光があたると「＋」と「－」に分かれる性質があることを利用して電気を作る．太陽電池の中の半導体は，あらかじめ「＋」が集まる「p型半導体」と，「－」が集まる「n型半導体」の2種類が接合されている．太陽光によって，「＋」は「p型半導体」に，「－」は「n型半導体」に集まり，この間に電位差が生じ，電気を取り出すことができる（**図7.28**）．

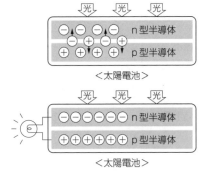

図7.28　太陽電池の原理

図7.29　太陽電池の分類

半導体に使用する材料の違いによって，太陽電池はシリコン系と化合物半導体系の2種に大別される（**図7.29**）．現在主に使用されている電池は，シリコン系のものが多く，結晶系太陽電池は，太陽電池の中でも発電効率が高く（20〜25％），シリコンアモルファス系太陽電池は，大量生産に適し低価格化が期待されている．シリコンアモルファス系太陽電池を用いた太陽光発電は

・エネルギー源が自然エネルギー（太陽光）であるため，無尽蔵である
・発電時に汚染物質や騒音を発生せず，環境負荷が小さい

などの利点がある．その反面

・発電効率が低い　　・発電量が天候に左右される
・コストが高い　　・大電力が必要な場合は，広い設置場所が必要である

などの問題点もあり，さらなる研究が進められている．

7-4 電気分解

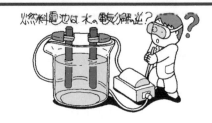

電解液の中に2本の電極を入れた装置を用い，その電極に電圧をかけたときに起こる化学変化のことである．本節では電圧をかけた直後の瞬間のイメージをつかむことを最重要課題としよう．

① 電気エネルギーを用いて行う反応のひとつに電気分解がある．
② 陽極では酸化反応，陰極では還元反応が進行する．
③ 両極の界面で対イオンがたまった層を電気二重層と呼ぶ．

1 水の電気分解と分解電圧

 7-3節の電池は，化学反応を電気をつくるのに用いたものだが，電気を自然にはなかなか進まない酸化還元反応を起こさせるのに用いることを考えよう．

ニコルソン（W. Nicholson，イギリス）とカーライル（A. Carlisle，イギリス）は，図 **7.30** に示すような装置を組み立て，水に電気を通してみた．電流は，徐々に水を気体の水素と気体の酸素に分解した．

$$2H_2O \longrightarrow 2H_2 + O_2$$

以後，電解質中にある2つの電極に外部より電気エネルギーを加えて起こす電気化学反応のことを **電気分解**（electrolysis）と呼ぶようになった．ただし，分解という表現を用いるが，加えた電解質が直接分解されているわけではない．

図 **7.30** の装置に希硫酸を入れ，両極に1Vの電圧をかけると，このとき電流値はゼロ示す．さらに電圧をかけると1.6V以上から電流が観測され始め，水の電気分解が進み始める（両極での泡の発生が見えるようになる）．この急に電流が流れ始める電圧は，**分解電圧** と呼ばれている．

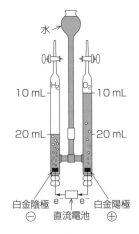

図 7.30 電解槽 (electrolytic cell)

2 電気二重層

💡 分解電圧までの電位差は何に使われたのだろうか考えてみよう.

電流が流れはじめるまでの間も，両極には電圧がかかっている．上記の1V程度の電位差は，電極と電解液の境界にかかり，その結果，電解質の内ごく**一部**の陽イオンが陰極へ，陰イオンが陽極へ動いて**たまった状態**（充電，charge）が起こっている．1Vの電圧をかけた直後の様子は，**図7.32**のようになっている．**図7.32**で希硫酸中には，陽イオンとしてH^+，陰イオンとしてHSO_4^-，10分の1程度のSO_4^{2-}が存在している．

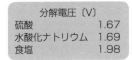

分解電圧〔V〕	
硫酸	1.67
水酸化ナトリウム	1.69
食塩	1.98

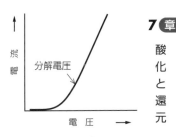

図7.31　分解電圧

両極の界面において対イオンがたまった層，すなわち異符号の電荷が向かい合った層は**電気二重層**（electric double layer）と呼ばれ，それぞれの層は，10 Å（水分子3個分程度）の厚さの非常に薄い層である．この極めて薄い層に挟まれた反応容器内の電解質溶液の層は，**図7.32**に示すとおり電気的に中性で，電解質が自由に動き回っているバルク層である．この電気二重層の形成を経て，さらに電圧をかけて分解電圧を超えると，電気分解が起こる．このとき，陽極付近では，陽極に電子が移動するため正電荷が増え，陰極付近では，陰極から電子が放出されるのでそれを受け取った負電荷が増える．同種の電荷は，反発しあうので，過剰になった電荷を打ち消しあうために，陽イオンが陰極へ移動し，陰イオンが陽極へ移動する．この動きによって電流が流れ始める．

電気化学の反応では，電解質の**図7.32** 電極界面にできる電気二重層

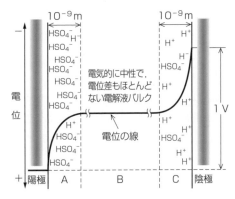

出典　渡辺正，中村誠一郎：
電子移動の化学-電気化学入門，朝倉書店（1996）

図7.32　電極界面にできる電気二重層

種類や量，電極の種類や形などによってさまざまな反応が進行するので，単純化することは困難である．しかし，電圧をかけた直後の電極近傍のイメージをしっかりつかんでおくと，そこからそれぞれのケースにあった理解へと発展させることができる．

3　電極近傍の化学反応

実際の電気分解の反応をもう少しくわしく見てみよう．

　両極の電気二重層で進行する電子の授受による化学反応は，溶媒，溶質，電極に何を用いるかによってさまざまに進行する．すなわち，溶媒，溶質，電極の中で，最も還元されやすい物質が陰極から電子を受け取り，最も酸化されやすい物質が陽極に電子を渡すように進む．よって，酸化，および還元のされやすさの違い[*5]が反応を決定する．

　還元反応の進行のしやすさは，イオンになり易さの逆である．

$$Na < Mg < Al < Zn < Fe < Pb < H_2 < Cu < Ag < Pt < Au$$

酸化反応の進行のしやすさは

$$I^- > Br^- > Cl^- > OH^- > SO_4^{2-} > NO_3^-$$

となる．したがって，陰極では，水溶液の場合 Na，Mg，Al は，ほぼ電極上に析出せず，水素が発生する．また，Zn，Fe，Pb は，水素と共に析出する場合がある．水素より後の Cu，Ag は，イオンになりにくいものから析出する．Pt，Au は極めてイオンになりにくいのでここでは電解質として扱わない．一方，陽極の反応は，炭素や Pt，Au のように酸化され難い電極の場合には，I^-，Br^-，Cl^-，OH^- の順に酸化され，I_2，Br_2，Cl_2，O_2 が発生する．SO_4^{2-}，NO_3^- は，酸化されにくいのでほとんどの場合変化しない．イオンになりやすい Ag，Cu などが電極に使われていると，極板自身が酸化され溶けていく．

[*5]　高等学校では，15個の金属を選んで"イオン化列"を学ぶ．この序列は，実測によるものでなく，理想状態を仮定した場合の熱力学データから計算によって求めたもので，電気分解に当てはめた場合，溶媒の種類や金属イオンの濃度，pH などの影響を受けやすい．よって，本節では，「酸化，および還元のされやすさ」という表現を用い，例としては，実験条件の影響を受けにくい 10個の金属の序列を用いる．

例題 次の化合物を水の電気分解の電解質に用いた場合,両極で進行する反応によって生成する物質を答えよ.
(1) NaOH　　(2) H_2SO_4　　(3) KI　　(4) $AgNO_3$

答

	電気二重層に生ずるイオン		生成物	
	陽極	陰極	陽極	陰極
(1)	OH^-	Na^+, H^+	O_2	H_2
(2)	OH^-, SO_4^{2-}	H^+	O_2	H_2
(3)	I^-, OH^-	K^+, H^+	I_2	H_2
(4)	OH^-, NO_3^-	Ag^+, H^+	O_2	Ag

4　電解精錬

 電解反応を使って,純粋な金属の塊を得る方法を考えてみよう.

　電気分解によって金属の純度を高めることを**電解精錬**(electrolytic refining)という.たとえば,銅の電解精錬は,陽極に粗銅(純度 98.2〜99.0%),陰極に純銅(純度 99.97〜99.98%)をセットし,硫酸銅(II)の電解液で電解することによって行う.

　　陽極:$Cu \longrightarrow Cu_2^+ + 2e^-$
　　陰極:$Cu^{2+} + 2e^- \longrightarrow Cu$

この反応では,陽極から Cu が溶出し,陰極付近の Cu^{2+} が還元されて析出する.不純物として他の金属が含まれる場合は,銅よりイオンになりにくい金属は陽極の下に沈殿として除去され,銅よりイオンになりやすい金属はイオンとして溶液中にとけることによって除去される.このようにして,陰極に析出するのは,純粋な銅となる.

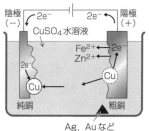

図 7.33　銅の電解精錬

7章 酸化と還元

章末問題

問題1 次の化合物・イオンの下線を付した元素（原子）の酸化数を記せ．
(1) H$_2$$\underline{S}$　(2) $\underline{S}$O$_3$　(3) $\underline{N}$H$_4$Cl　(4) Na$\underline{N}$O$_3$　(5) $\underline{N}$O$_2$
(6) K$\underline{C}$lO$_3$　(7) K$\underline{Mn}$O$_4$　(8) H$\underline{Cl}$O　(9) $\underline{P}$O$_4^{3-}$　(10) $\underline{Cr}_2$O$_7^{2-}$

問題2 次の化学反応のうち酸化還元反応はどれか．また，そのときの酸化剤・還元剤を指摘せよ．
(1) MnO$_2$ + 4HCl ⟶ MnCl$_2$ + 2H$_2$O + Cl$_2$
(2) NaCl + H$_2$SO$_4$ ⟶ NaHSO$_4$ + HCl
(3) 2FeCl$_3$ + SnCl$_2$ ⟶ 2FeCl$_2$ + SnCl$_4$
(4) I$_2$ + SO$_2$ + 2H$_2$O ⟶ 2HI + H$_2$SO$_4$

問題3 次の(1)〜(4)の記述に示された2種の金属A，Bのイオン化傾向はそれぞれどちらが大きいか．
(1) Aのイオンを含む水溶液にBの単体を入れると，Aの単体が生じる．
(2) Aの酸化物はBによって還元され，Aの単体が生じる．
(3) Aは希硫酸と反応して水素を発生するが，Bは希硫酸と反応しない．
(4) AとBを希硫酸中に入れて電池を作ると，Aが正極となる．

問題4 次の電池式で示される電池について，下の問に答えよ．
(a) ⊖ Zn(s) | H$_2$SO$_4$(aq) | Cu(s) ⊕
(b) ⊖ Pb(s) | H$_2$SO$_4$(aq) | PbO$_2$ ⊕
(c) ⊖ Zn(s) | ZnCl$_2$(aq) | MnO$_2$, C ⊕
(d) ⊖ Zn(s) | ZnSO$_4$(aq) | CuSO$_4$(aq) | Cu(s) ⊕

(1) (a)〜(d)の電池はそれぞれ何と呼ばれるか．
(2) (a), (b), (d)の電池の放電時，正極・負極での反応をイオン反応式で表せ．
(3) 正極で起こる反応は，酸化反応，還元反応のどちらか．
(4) 放電したとき極の質量が増加するのは，どの電池のどの極か．

章末問題の解答

第1章

問題1
- 単体　：(2), (7)
- 化合物：(6), (8)
- 混合物：(1), (3), (4), (5)

問題2　(3)

問題3
(1) ホウ素　　(2) ケイ素　　(3) リン　　(4) アルゴン
(5) 臭素　　　(6) 鉄　　　　(7) 銅

問題4
(1) Au　　(2) F　　(3) S　　(4) Ag　　(5) I　　(6) Pb

問題5
(1) リチウムイオン　　(2) カルシウムイオン　　(3) バリウムイオン
(4) 臭化物イオン　　　(5) 水酸化物イオン　　　(6) 炭酸水素イオン

問題6
(1) Mg^{2+}　(2) NH_4^+　(3) PO_4^{3-}　(4) NO_3^-　(5) SO_4^{2-}　(6) O^{2-}

問題7
(1) KNO_3　(2) $CuSO_4$　(3) $Zn(OH)_2$　(4) $FeCl_3$　(5) $Ca_3(PO_4)_2$
(6) $Al_2(SO_4)_3$

問題 8

(1)
```
     H   H   H
     |   |   |
 H − C − C − C − H
     |   |   |
     H   H   H
```

(2) CH$_3$CHCH$_3$ CH$_3$CH$_2$CH$_2$Br
        |
        Br

(3) CH$_3$CH$_2$OH   CH$_3$OCH$_3$

(4)
```
      H  H
      |  |
   H  C  H             H
    \ | / \            |
     C − C        C = CHCH$_3$
    / | \ /           |
   H  |  H            H
      H
```

問題 9

(1) C::C (with H H above and H H below on each C)

(2) H:Al (with H above and H below)

(3) H:C:O:H (with H below C)

(4) C::C:Cl: (with H H on left C and H above right C)

問題 10

(1) 11　(2) 23　(3) 11　(4) 12　(5) 11

問題 11

(1) 陽子　(2) 電子　(3) 中性子　(4) 同位体　(5) 等しい（変わらない）

問題 12

(1) 1族…1価の陽イオン, 1個　　2族…2価の陽イオン, 2個

(2) 16族…2価の陰イオン, 6個　　17族…1価の陰イオン, 7個

問題 13

(1) Ne　(2) Ar　(3) Kr　(4) Ar　(5) He

第2章

問題1

(1) NO_2 の分子量：$14.0 + 16.0 \times 2 = 46.0$

(2) Au の式量：197.0

(3) $CaCl_2$ の式量：$40.1 + 35.5 \times 2 = 111.1$

(4) Al_2O_3 の式量：$27.0 \times 2 + 16.0 \times 3 = 102.0$

問題2

(1) $(9.03 \times 10^{23}) / (6.02 \times 10^{23}) = 1.50 \text{ mol}$

(2) $55.8 / (6.02 \times 10^{23}) = 9.27 \times 10^{-23} \text{ g}$

(3) $5.00 \times 22.4 \text{ L} = 112 \text{ L}$

(4) 分子量 $= 28.0$

$2.8 \text{ g} / 28.0 \times (6.02 \times 10^{23}) = 6.02 \times 10^{22}$ 個

問題3

$$\text{モル濃度〔mol/L〕} = \frac{\text{物質量〔mol〕}}{\text{体積〔L〕}} = \frac{\dfrac{\text{質量〔g〕}}{\text{分子量}}}{\dfrac{\text{体積〔mL〕}}{1\,000}} \quad \cdots\cdots \text{公式①}$$

H_2SO_4 の分子量 $= 98.1$，$50 \text{ mL} = (50/1\,000) \text{ L}$ を公式①に代入する．

$$\frac{\dfrac{9.81 \text{ g}}{98.1}}{\dfrac{50 \text{ mL}}{1\,000}} = 2.00 \text{ mol/L}$$

答：2.00 mol/L

問題4 必要なブドウ糖を X g，分子量 180 として，公式①に代入する．

$$0.300 \text{ mol/L} = \frac{\dfrac{X}{180}}{\dfrac{200 \text{ mL}}{1\,000}} \qquad X = 10.8 \text{ g}$$

答：10.8 g

問題 5

(1) 標準状態の気体の分子数 ＝ 気体の物質量〔mol〕× アボガドロ定数〔mol^{-1}〕

$$= \frac{5.60\ L}{22.4\ L} \times (6.02 \times 10^{23}) = 1.505 \times 10^{23}$$

答：1.51×10^{23} 個

(2) $\dfrac{\dfrac{5.60\ L}{22.4\ L}}{\dfrac{500\ mL}{1\ 000}} = 0.500\ mol/L$

答：0.500 mol/L

問題 6

(1) $2Al + 6HCl \longrightarrow 3H_2 + 2AlCl_3$

(2) 塩化水素を Y g, 分子量 36.5 として公式①に代入する．

$$0.200\ mol/L = \frac{\dfrac{Y}{36.5}}{\dfrac{100\ mL}{1\ 000}}$$

$$Y = 0.730\ g$$

答：0.730 g

(3) アルミニウム $1.08\ g = \dfrac{1.08\ g}{27}\ mol$

ここで化学反応式の係数を見ると，Al と H_2 の反応モル比は 2：3 となる．よって，発生する水素を Z〔mol〕とすると

$$\frac{1.08\ g}{27} : Z = 2 : 3$$

$$Z = 0.0600\ mol$$

となり，標準状態の体積は

$$0.0600 \times 22.4\ L = 1.344\ L$$

となる．

答：1.34 L

第3章

問題1
(1) イオン結合　(2) イオン結合　(3) 共有結合　(4) 共有結合
(5) 金属結合　(6) 共有結合　(7) 金属結合　(8) イオン結合

問題2
(1) (a)−(カ)，(b)−(オ)
(2) (イ)，(ウ)，(エ)
(3) (カ)
(4) (イ)，(ウ)，(エ)
(5) (a)−(キ)，(b)−(エ)，(c)−(ア)，(d)−(ウ)

問題3
- メチル基 CH_3- の C は SN=4 より，$\angle H-C-H = \angle H-C-C = 109.5°$
- 中央の C は SN=4 より，$\angle C-C-H = \angle H-C-O = 109.5°$
- ヒドロキシ基 $OH-$ の O は SN=4 より，$\angle C-O-H = 109.5°$
- ヒドロキシ基は水素結合を形成するので，エタノールは極性を有している．

問題4
$$d = \frac{\left(\dfrac{63.5}{6.02 \times 10^{23}}\right) \times 4}{\left(\dfrac{4 \times 0.128 \times 10^{-7}}{\sqrt{2}}\right)^3} = 8.89 \text{ g/cm}^3$$

問題5
塩化セシウムの分子量 = 168.4
$$\frac{168.4}{6.02 \times 10^{23}} \times 1 = 3.98 \times (x \times 10^{-7})^3$$
$x = 0.413 \text{ nm}$

問題 6

せん亜鉛鉱 ZnS の分子量 = 97.5

$$d = \frac{\left(\dfrac{97.5}{6.02 \times 10^{23}}\right) \times 4}{(0.541 \times 10^{-7})^3} = 4.09 \text{ g/cm}^3$$

第4章

問題 1

$$\frac{1.013 \times 10^5 V}{273} = \frac{9.8 \times 10^4 \times 10}{300}$$

$V = 8.8$ L

問題 2

$1.013 \times 10^5 \times 18 \times 10^{-3} = n \times 8.31 \times 300$

$n = 0.73$ mol

問題 3

- 分圧: $P_{N_2} = 4.0 \times 10^4$ Pa, $P_{O_2} = 6.0 \times 10^3$ Pa, $P_{CO_2} = 2.0 \times 10^3$ Pa
- 全圧: $P = 5.63 \times 10^4$ Pa

問題 4　シュウ酸結晶 (2 水和物) の質量を x 〔g〕とすると

$$109 : 9 = 100 - x : 100 \times \frac{30}{130} - x \times \frac{134}{170}$$

$x = 21$ g

問題 5

$$5.3 \times 10^4 - 4.9 \times 10^4 = \left(\frac{\dfrac{19}{M}}{\dfrac{19}{M} + \dfrac{500}{78}}\right) \times 5.3 \times 10^4$$

$M = 36.3$

問題 6

$$7.8 \times 10^5 = C \times 8.31 \times 10^3 \times 310$$
$$C = 0.30 \text{ mol/L}$$

問題 7

$$7.6 \times 10^4 = \frac{1.8}{M} \times 8.31 \times 10^3 \times 303$$
$$M = 60$$

第5章

問題 1 与えられた熱化学的データから結晶の格子エネルギーは

$$F = A + C + 1/2 D + E - B$$

で表される．これを計算すると

$$F = 779 \text{ kJ/mol}$$

となる．

問題 2 酸化窒素の濃度を $[NO]$，酸素の濃度を $[O_2]$ とすると，反応速度 v は

$$v = k[NO]^2[O_2]$$

で表される．よって求める速度 v' は

$$v' = k(2[NO])^2 \times 1/2[O_2]$$

ゆえに

$$v'/v = 2$$

すなわち，2倍になる．

問題 3 平衡状態では

$$v_1 = v_2$$
$$v_1 = k[H_2][I_2]$$
$$v_2 = k'[HI]^2$$
$$k[H_2][I_2] = k'[HI]^2$$
$$K = \frac{[HI]^2}{[H_2][I_2]} = \frac{k}{k'}$$

となる．k, k' は，温度が一定であれば一定である．よって，K も温度が一定で

あれば一定となる．この K を平衡定数と呼ぶ．

第6章

問題1

	炭酸（H_2CO_3）の電離式	Na塩の化学式	名称
第1段階	$H_2CO_3 \longrightarrow H^+ + HCO_3^-$	$NaHCO_3$	炭酸水素ナトリウム
第2段階	$HCO_3^- \longrightarrow H^+ + CO_3^{2-}$	Na_2CO_3	炭酸ナトリウム

	リン酸（H_3PO_4）の電離式	Na塩の化学式	名称
第1段階	$H_3PO_4 \longrightarrow H^+ + H_2PO_4^-$	NaH_2PO_4	リン酸二水素ナトリウム
第2段階	$H_2PO_4^- \longrightarrow H^+ + HPO_4^{2-}$	Na_2HPO_4	リン酸水素二ナトリウム
第3段階	$HPO_4^{2-} \longrightarrow H^+ + PO_4^{3-}$	Na_3PO_4	リン酸ナトリウム

問題2

(1) pH = 4

(2) pH = 10

(3) 50倍に薄めたことになるので

$[H^+] = 0.5/50 = 1.0 \times 10^{-2}$ mol/L　　∴ pH = 2

(4) $[OH^-] = 1.0 \times 10^{-1}$ mol/L　　$[H^+] = 1.0 \times 10^{-13}$ mol/L　　∴ pH = 13

問題3

(1) 式 (6・33) より

$a \times c \times V = b \times c' \times V'$

$1 \times c \times 10 = 1 \times 0.1 \times 7.5$

$c = 7.5 \times 10^{-2}$ mol/L

10倍に希釈した食酢なので

$7.5 \times 10^{-2} \times 10 = 7.5 \times 10^{-1}$ mol/L

(2) （ア）

(3) （ウ）

問題 4

(1) 弱酸の水素イオン濃度を求める式（6・15）に数値を代入する．

$$[H^+] = \sqrt{c_a K_a} = \sqrt{0.1 \times 1.8 \times 10^{-5}} = \sqrt{1.8} \times 10^{-3} \fallingdotseq 1.3 \times 10^{-3}$$

$$pH = -\log[H^+] = -\log(1.3 \times 10^{-3}) = 2.9$$

(2) 中和点は過不足なく中和しているので，生成した塩 CH_3COONa の加水分解を考えればよい．よって式（6・31）に数値を代入する．

　CH_3COONa の濃度 c_s は，全容量が 20 mL になっているので，0.05 mol/L である．

$$pH = 7 + \frac{1}{2} pK_a + \frac{1}{2} \log c_s$$

$$= 7 - \frac{1}{2} \log(1.8 \times 10^{-5}) + \frac{1}{2} \log 0.05 = 8.7$$

第 7 章

問題 1

(1) -2　　(2) $+6$　　(3) -3　　(4) $+5$　　(5) $+4$
(6) $+5$　　(7) $+7$　　(8) $+1$　　(9) $+5$　　(10) $+6$

問題 2

(1) 酸化剤：MnO_2　　還元剤 HCl
(3) 酸化剤：$FeCl_3$　　還元剤：$SnCl_2$
(4) 酸化剤：I_2　　還元剤：SO_2

問題 3

(1) B　　(2) B　　(3) A　　(4) B

問題 4

(1) (a) ボルタ電池　(b) 鉛蓄電池　(c) マンガン乾電池　(d) ダニエル電池
(2) (a) ⊕　　$2H^+ + 2e^- \longrightarrow H_2$
　　　⊖　　$Zn \longrightarrow Zn^{2+} + 2e^-$
　(b) ⊕　　$PbO_2 + 4H^+ + SO_4^{2-} + 2e^- \longrightarrow PbSO_4 + 2H_2O$

$\ominus$ $Pb + SO_4^{2-} \longrightarrow PbSO_4 + 2e^-$

(d) $\oplus$ $Cu^{2+} + 2e^- \longrightarrow Cu$

$\ominus$ $Zn \longrightarrow Zn^{2+} + 2e^-$

(3) 還元反応

(4) (d) の電池の正極

索　引

● 英　字 ●

pH ･････････････････････････････ 157
ppb ････････････････････････････ 50
ppm ････････････････････････････ 50
VSEPR 理論 ･･････････････････････ 72

● ア　行 ●

アボガドロ ･･････････････････ 47, 100
アボガドロ定数 ･･････････････････ 44
アルカリ金属 ････････････････････ 64
アルカリマンガン乾電池 ･･････････ 193
アレーニウス ･･･････････････････ 144
　　——の定義 ･･･････････････････ 144

イオン ･･･････････････････････････ 6
イオン化エネルギー ･･････････････ 26
イオン化列 ･････････････････････ 185
イオン結合 ･･････････････････････ 65
イオン結晶 ･･･････････････････ 65, 66
イオン式 ････････････････････････ 32
イオン反応式 ････････････････････ 57
一次電池 ･･･････････････････････ 193
陰イオン ･････････････････････････ 6

エネルギー
　　——の吸収 ･･･････････････････ 124
　　——の差 ･････････････････････ 124
　　——の変化 ･･･････････････････ 124
　　——の放出 ･･･････････････････ 125
エネルギー準位 ･･････････････････ 16

塩 ･････････････････････････････ 163
　　——の加水分解 ･･･････････････ 164
塩基 ･･･････････････････････････ 144
塩基解離指数 ･･･････････････････ 155
塩基性塩 ･･･････････････････････ 163
塩基性酸化物 ･･･････････････････ 146
塩析 ･･･････････････････････････ 120
エンタルピー ･･･････････････････ 125
エンタルピー変化 ･･･････････････ 130
エントロピー変化 ･･･････････････ 130

オキソニウムイオン ･････････････ 146
オクテット則 ････････････････････ 22
オストワルトの希釈率 ･･･････････ 160
温度の影響 ･････････････････････ 135

● カ　行 ●

カーライル ･････････････････････ 200
化学結合 ･････････････････････････ 5
化学式 ･･･････････････････････ 30, 54
化学反応式 ･･････････････････････ 54
化学反応速度論 ･････････････････ 134
化学平衡 ･･･････････････････････ 139
化合物 ･･･････････････････････････ 3
加水分解 ･･･････････････････････ 164
価数 ･･･････････････････････････ 147
活性化エネルギー ･･･････････････ 135
活性錯合体 ･････････････････････ 135
価電子 ････････････････････････ 20, 31
価標 ････････････････････････････ 31

索　引

ガルバーニ……………………… 186
過冷却状態……………………… 93
還元……………………………… 178
還元剤…………………………… 181
緩衝液…………………………… 172
緩衝作用………………………… 172
緩衝溶液………………………… 141

貴ガス（希ガス）…………… 21, 64
気体定数………………………… 100
起電力…………………………… 188
ギブズエネルギー変化………… 130
逆反応…………………………… 138
吸熱反応………………………… 125
強塩基…………………………… 152
凝固点降下……………………… 114
強酸……………………………152, 153
凝析……………………………… 120
共有結合………………………… 66
共有結合結晶…………………… 67
共有電子対……………………… 36
極性分子………………………… 79
金属結合………………………… 70
金属元素………………………… 64

空間充填モデル………………… 35
クーロン力……………………… 65
グレアムの法則………………… 106

ゲイリュサック………………… 97
結合
　――の組換え………………… 124
　――の切断…………………… 124
結晶水…………………………… 109
ゲル……………………………… 118

原子……………………………… 5, 8
原子価…………………………… 31
原子価殻－電子対反発理論…… 72
原子核…………………………… 8
原子番号………………………… 11
原子量…………………………… 41
元素……………………………… 4
元素記号………………………… 5
元素分析………………………… 33

構造式…………………………… 31
孤立電子対……………………… 68
コロイド………………………… 118
混合物…………………………… 3
混成軌道………………………… 69

● サ　行 ●

最外殻電子……………………… 20
再結晶…………………………… 109
酸………………………………… 144
酸化……………………………… 178
酸解離指数……………………… 155
酸化還元滴定…………………… 183
酸化還元反応…………………… 178
酸化銀電池……………………… 193
酸化剤…………………………… 181
酸化数…………………………… 180
三重点…………………………… 95
酸性塩…………………………… 163
酸性酸化物……………………… 146

式量……………………………… 43
指示薬…………………………… 158
示性式…………………………… 31
実験式…………………………… 33

216

索　引

実用電池	192
質量数	11
質量パーセント濃度	50
質量保存の法則	58
質量モル濃度	53, 114
弱塩基	152
弱酸	152, 153
シャルル	97
——の法則	97
周期	25
周期表	24
周期律	24
充電	193
自由電子	70
シュレーディンガー	10
純物質	3
蒸気圧降下	113
状態図	95
衝突	134
触媒	136
——の影響	136
浸透	115
浸透圧	116
水素イオン指数	157
水素イオン濃度	157
水素結合	82
水和	108
正塩	163
正極	188
精製	3
正反応	138
セレーセン	157
遷移元素	25
占有度	73
双極子	79
相対質量	40
族	25
速度	132
組成式	33
ゾル	118

● タ 行 ●

体心立方格子	86
太陽電池	199
ダニエル	186
ダニエル電池	186
単位格子	86
単体	3
中性子	8
チューブモデル	35
中和	162
中和滴定	169
中和滴定曲線	170
中和点	170
中和反応	162
チンダル現象	119
デュマ法	101
電位	188
電位差	188
電解液	200
電解質	188
電解精錬	203
電気陰性度	79
電気泳動	120
電気二重層	201

217

索引

電気分解……………………… 200
電極…………………………… 187
電極電位……………………… 189
典型元素……………………… 25
電子……………………………   8
電子殻………………………… 14
電子軌道……………………… 14
電子式……………………… 35, 67
電子親和力…………………… 27
電子対供与体………………… 150
電子対受容体………………… 150
電子配置……………………… 19
電池…………………………… 187
電池式………………………… 189
電離…………………………… 153
電離定数……………………… 154
電離度………………………… 153
電離平衡…………………… 141, 154

ド・ブロイ…………………… 10
同位体………………………… 11
透析…………………………… 119
同族元素……………………… 25
同素体…………………………   4
ドルトン………………………   7
　──の法則………………… 102

● ナ 行 ●

鉛蓄電池……………………… 197

ニコルソン…………………… 200
二次電池……………………… 193
ニッケル・カドミウム電池… 197
ニッケル水素電池…………… 197
ニホニウム…………………… 26

熱化学方程式………………… 126
ネルンスト式………………… 191
燃料電池……………………… 198

濃度の影響…………………… 135

● ハ 行 ●

配位結合……………………… 70
排除体積……………………… 107
パウリ………………………… 17
　──の排他原理…………… 17
発熱反応……………………… 125
バルク層……………………… 201
ハロゲン……………………… 64
半透膜………………………… 115
反応速度……………………… 132
反応熱……………………… 126, 127

非共有電子対………………… 68
非金属元素…………………… 65
標準状態…………………… 47, 100
標準水素電極………………… 190
標準電極電位……………… 185, 191

ファンデルワールスの式…… 107
ファンデルワールス力……… 82
ファントホッフの法則……… 116
負極…………………………… 187
不対電子…………………… 17, 69
物質……………………………   2
物質量………………………… 45
物体……………………………   2
沸点上昇……………………… 113
ブラウン運動………………… 121

ブレンステッド………………	148
ブレンステッド・ローリーの定義…	148
プロトン……………………	68
プロトン供与体………………	149
プロトン受容体………………	149
分圧の法則……………………	102
分解電圧………………………	200
分子……………………………	5
分子構造模型…………………	34
分子式…………………………	30
分子模型………………………	34
分子量…………………………	42
フント…………………………	17
──の規則…………………	17
分離……………………………	3
閉殻……………………………	22
平均反応速度…………………	132
平均分子量……………………	103
ヘス……………………………	128
──の法則…………………	128
ベルテロー……………………	140
ヘンダーソン・	
ハッセルバルヒの式………	174
ヘンリーの法則………………	111
ボイル…………………………	97
──の法則…………………	97
棒球モデル……………………	35
放電……………………………	192
棒モデル………………………	35
飽和溶液………………………	109
ボーア…………………………	10
ボルタ…………………………	186
ボルタ電池……………………	186

● マ 行 ●

マンガン電池…………………	193
水のイオン積…………………	156
無極性分子……………………	79
面心立方格子…………………	86
メンデレーエフ………………	29
模型……………………………	34
モデル…………………………	34
モル……………………………	45
モル濃度………………………	51
モル分率………………………	103

● ヤ 行 ●

陽イオン………………………	6
溶解度…………………………	109
溶解度積………………………	141
陽子……………………………	8
溶媒和…………………………	108

● ラ 行 ●

ラウールの法則………………	113
理想気体………………………	100
──の状態方程式…………	100
リチウムイオン電池…………	197
リチウム電池…………………	193
立方最密充填構造……………	85
量子数…………………………	14
臨界点…………………………	95

ルイス……………………………… 150
　──の定義……………………… 150
ルシャトリエ……………………… 140
　──の原理……………………… 141

励起………………………………… 69

ローリー…………………………… 148
六方最密充填構造………………… 85

● ワ 行 ●

ワイヤーモデル…………………… 35

- 本書の内容に関する質問は，オーム社ホームページの「サポート」から，「お問合せ」の「書籍に関するお問合せ」をご参照いただくか，または書状にてオーム社編集局宛にお願いします．お受けできる質問は本書で紹介した内容に限らせていただきます．なお，電話での質問にはお答えできませんので，あらかじめご了承ください．
- 万一，落丁・乱丁の場合は，送料当社負担でお取替えいたします．当社販売課宛にお送りください．
- 本書の一部の複写複製を希望される場合は，本書扉裏を参照してください．

JCOPY ＜出版者著作権管理機構 委託出版物＞

絵ときでわかる 基礎化学（第2版）

2007年 3月15日	第1版第1刷発行
2019年 2月25日	第2版第1刷発行
2024年 5月10日	第2版第4刷発行

著　者　　岸川卓史
　　　　　齋藤　潔
　　　　　成田　彰
　　　　　森安　勝
　　　　　渡辺祐司

発行者　　村上和夫
発行所　　株式会社　オーム社
　　　　　郵便番号　101-8460
　　　　　東京都千代田区神田錦町3-1
　　　　　電話　03(3233)0641(代表)
　　　　　URL　https://www.ohmsha.co.jp/

© 岸川卓史・齋藤潔・成田彰・森安勝・渡辺祐司 2019

印刷・製本　三美印刷
ISBN978-4-274-22328-0　Printed in Japan

化学・バイオ系のためのスッキリわかるテキスト・参考書！

はじめての基礎化学実験

山﨑 友紀・平山 美樹・德永 眞由美・田中 義靖 共著
A5・220頁・定価(本体2600円【税別】)

主要目次
- 序章　化学実験を行うための心得と諸注意
- 1章　実験の基本操作
- 2章　薬品の作り方と保存方法
- 3章　検出実験
- 4章　滴定
- 5章　電気分解
- 6章　機器分析の紹介
- 7章　応用的な実験例
- 付録

現場で役立つ 環境分析の基礎（第2版）—水と土壌の元素分析—

平井 昭司　監修／(公社)日本分析化学会　編
A5・248頁・定価(本体3000円【税別】)

主要目次
- 1章　環境分析の必要性
- 2章　環境試料の前処理法
- 3章　原子吸光分析法
- 4章　ICP発光分析法
- 5章　ICP質量分析法
- 6章　分析値の信頼性
- 7章　分析の信頼性
- 8章　環境分析の問題点と今後の動向

現場で役立つ 化学分析の基礎（第2版）

平井 昭司　監修／(公社)日本分析化学会　編
A5・216頁・定価(本体2800円【税別】)

主要目次
- 0章　分析化学を学ぶ －信頼性確保に向けて－
- 1章　ピペットおよび電子天びんの使い方と検量線の作成方法
- 2章　トレーサビリティ体系における標準液の使用
- 3章　汚染の原因とその管理
- 4章　酸やアルカリ試薬による金属と無機化合物の溶かし方
- 5章　試料の前処理技術
- 6章　マイクロ波を利用する加圧分解法
- 7章　分析値の提示と分析値の意味
- 8章　微量元素分析の実際

新しい物質の科学（改訂2版）
－身のまわりを化学する－

鈴木 孝弘　著
A5・168頁・定価(本体2200円【税別】)

主要目次
- 1　身のまわりの物質
- 2　いろいろな金属
- 3　生活をささえる気体
- 4　水の科学
- 5　キッチンの化学
- 6　微生物と物質
- 7　ファッション素材・洗剤
- 8　化学物質と環境
- 9　身のまわりの毒
- 10　エネルギーと物質
- 11　生命と物質
- 索引

もっと詳しい情報をお届けできます。
◎書店に商品がない場合または直接ご注文の場合も右記宛にご連絡ください。

ホームページ　https://www.ohmsha.co.jp/
TEL／FAX　TEL.03-3233-0643　FAX.03-3233-3440

(定価は変更される場合があります)

原子の電子配置

電子殻		K	L		M			N				O				P			Q
原子番号	元素記号	1s	2s	2p	3s	3p	3d	4s	4p	4d	4f	5s	5p	5d	5f	6s	6p	6d	7s
1	H	1																	
2	He	2																	
3	Li	2	1																
4	Be	2	2																
5	B	2	2	1															
6	C	2	2	2															
7	N	2	2	3															
8	O	2	2	4															
9	F	2	2	5															
10	Ne	2	2	6															
11	Na	2	2	6	1														
12	Mg	2	2	6	2														
13	Al	2	2	6	2	1													
14	Si	2	2	6	2	2													
15	P	2	2	6	2	3													
16	S	2	2	6	2	4													
17	Cl	2	2	6	2	5													
18	Ar	2	2	6	2	6													
19	K	2	2	6	2	6		1											
20	Ca	2	2	6	2	6		2											
21	Sc	2	2	6	2	6	1	2											
22	Ti	2	2	6	2	6	2	2											
23	V	2	2	6	2	6	3	2											
24	Cr	2	2	6	2	6	5	1											
25	Mn	2	2	6	2	6	5	2											
26	Fe	2	2	6	2	6	6	2											
27	Co	2	2	6	2	6	7	2											
28	Ni	2	2	6	2	6	8	2											
29	Cu	2	2	6	2	6	10	1											
30	Zn	2	2	6	2	6	10	2											
31	Ga	2	2	6	2	6	10	2	1										
32	Ge	2	2	6	2	6	10	2	2										
33	As	2	2	6	2	6	10	2	3										
34	Se	2	2	6	2	6	10	2	4										
35	Br	2	2	6	2	6	10	2	5										
36	Kr	2	2	6	2	6	10	2	6										
37	Rb	2	2	6	2	6	10	2	6			1							
38	Sr	2	2	6	2	6	10	2	6			2							
39	Y	2	2	6	2	6	10	2	6	1		2							
40	Zr	2	2	6	2	6	10	2	6	2		2							
41	Nb	2	2	6	2	6	10	2	6	4		1							
42	Mo	2	2	6	2	6	10	2	6	5		1							
43	Tc	2	2	6	2	6	10	2	6	5		2							
44	Ru	2	2	6	2	6	10	2	6	7		1							
45	Rh	2	2	6	2	6	10	2	6	8		1							
46	Pd	2	2	6	2	6	10	2	6	10									
47	Ag	2	2	6	2	6	10	2	6	10		1							
48	Cd	2	2	6	2	6	10	2	6	10		2							
49	In	2	2	6	2	6	10	2	6	10		2	1						
50	Sn	2	2	6	2	6	10	2	6	10		2	2						
51	Sb	2	2	6	2	6	10	2	6	10		2	3						
52	Te	2	2	6	2	6	10	2	6	10		2	4						
53	I	2	2	6	2	6	10	2	6	10		2	5						
54	Xe	2	2	6	2	6	10	2	6	10		2	6						